演習で学ぶ
PID制御

森　泰親 著

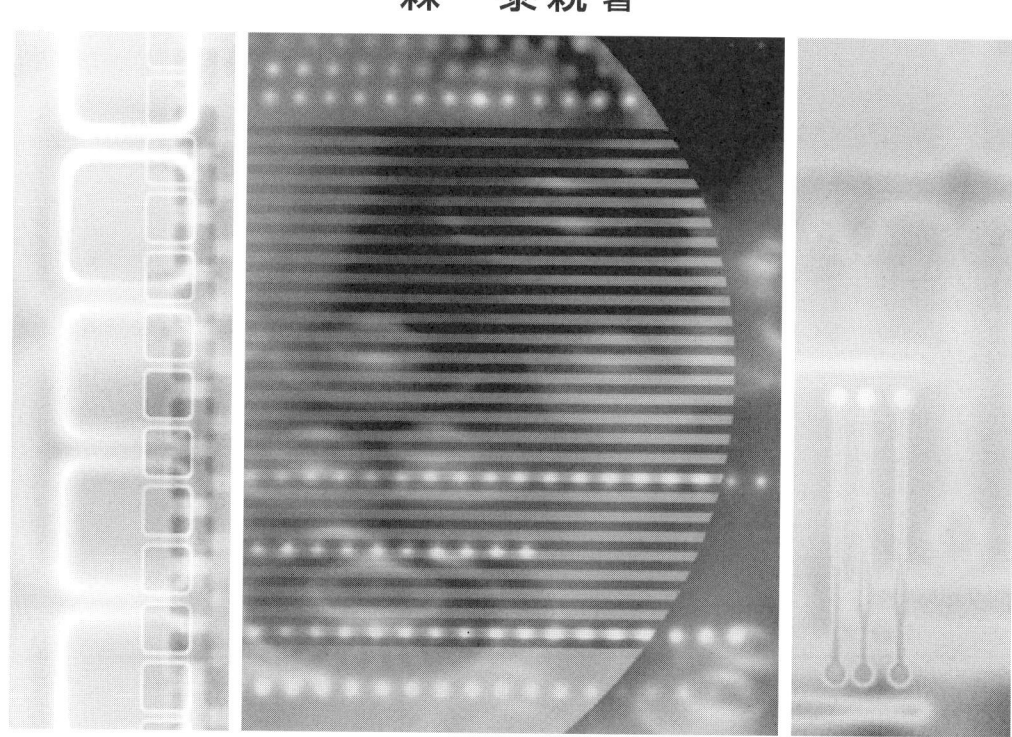

森北出版株式会社

● 本書のサポート情報を当社 Web サイトに掲載する場合があります．下記の URL にアクセスし，サポートの案内をご覧ください．

　　　　　　　　http://www.morikita.co.jp/support/

● 本書の内容に関するご質問は，森北出版 出版部「(書名を明記)」係宛に書面にて，もしくは下記の e-mail アドレスまでお願いします．なお，電話でのご質問には応じかねますので，あらかじめご了承ください．

　　　　　　　　editor@morikita.co.jp

● 本書により得られた情報の使用から生じるいかなる損害についても，当社および本書の著者は責任を負わないものとします．

■ 本書に記載している製品名，商標および登録商標は，各権利者に帰属します．

■ 本書を無断で複写複製（電子化を含む）することは，著作権法上での例外を除き，禁じられています．複写される場合は，そのつど事前に(社)出版者著作権管理機構（電話 03-3513-6969, FAX 03-3513-6979, e-mail:info@jcopy.or.jp）の許諾を得てください．また本書を代行業者等の第三者に依頼してスキャンやデジタル化することは，たとえ個人や家庭内での利用であっても一切認められておりません．

まえがき

　大学における研究，学会発表，学術論文においては，現代制御理論関係が9割を占めている．しかしながら，産業界ではその比率は逆転し，古典制御理論に基づいて設計したPID制御がいまだ主流である．大学等において制御理論の講義を受けても，PID制御系設計の観点からすれば，十分な知識を授かったとはいえない．講義では，ラプラス変換，伝達関数，ブロック線図，周波数応答，ベクトル軌跡，ボード線図など，動特性表現と解析に必要となる道具を準備するだけで7割以上の時間数を使ってしまい，設計論に割り当てる時間数がきわめて少ないからである．これでは，卒業後，産業界の技術者としての活躍は望めない．そのため近年は，「制御系設計」とか「アドバンスト制御」という講義科目名が増えてきている．

　本書は，制御理論の基礎の部分を割愛し，「システムの解析」と「PID制御系設計」の二つのテーマに絞り込み，それらについて詳細に記述している．したがって，工業高専や大学の講義科目「制御系設計」の教科書，あるいは，現場の制御技術者の独学書に適している．

　本書の特徴をまとめると，つぎのようになる．
（1）ボード線図，極，時間応答のつながりを重要視している．
（2）PID制御に関し，ディジタル，多変数にまで言及している．
（3）演習本形式としている．

　（1）工業高専，大学における講義では通常，ボード線図，極，時間応答は別々に議論される．このため個々の知識は獲得できていても，それらの間のつながりがなく，たとえばボード線図を見て時間応答波形を想像することができない．本書では，ボード線図，極の複素平面での位置，時間応答波形の三つを同時に見比べながら，システムの特性を議論する演習問題を通して，上記の問題解決を目指す．古典制御は勘と経験がものをいう分野であるから，ボード線図を読む力は，現場技術者にとって必須の技である．

　（2）産業界においては，いまだにPID制御が主流である．そこで本書では，PID制御に関しての演習を数多く用意した．たとえば，PIDの各制御定数の変化がフィード

バック制御系の制御性能にどのように影響を及ぼすかは，数値例で定量的にくわしく検討している．このことは，現場においての制御定数の微調整に必ず役に立つ知識であると信じる．また，PID 制御は多くの場合，1 入出力連続時間系に限って議論される．本書では，ディジタル PID 制御，多変数 PID 制御についてもくわしく解説している．さらには，現代制御理論に基づく制御構造に近い構造の I-PD 制御に関しても記述している．

(3) 演習形式であるので，問題意識をもって読むことができる．たとえば，第 3 章「ラウス・フルビッツの安定判別法」では，特別処理が必要となる例を数多く扱う．また，第 7 章「部分的モデルマッチング法」では，PID 制御定数をシステマティックに算出することのできる唯一の設計法である部分的モデルマッチング法を紹介し，制御系設計公式導出の過程を詳述している．さらに，性質や定理の証明もすべて演習形式でまとめているので，階段を一段ずつ登るように知識を積み上げることができる．

以上の 3 点が本書のオリジナルな特徴である．これに加えて，

(4) 図を多く用いていることで直感が働き，式の理解を助けてくれる．

(5) 数値例を通して，理論を実際に使うための技術を得ることができる．

という特徴がある．

本書の構成を下図に示す．特に綿密な関係にある事項を線で結んでいるので，系統立てた勉学に役立てていただきたい．

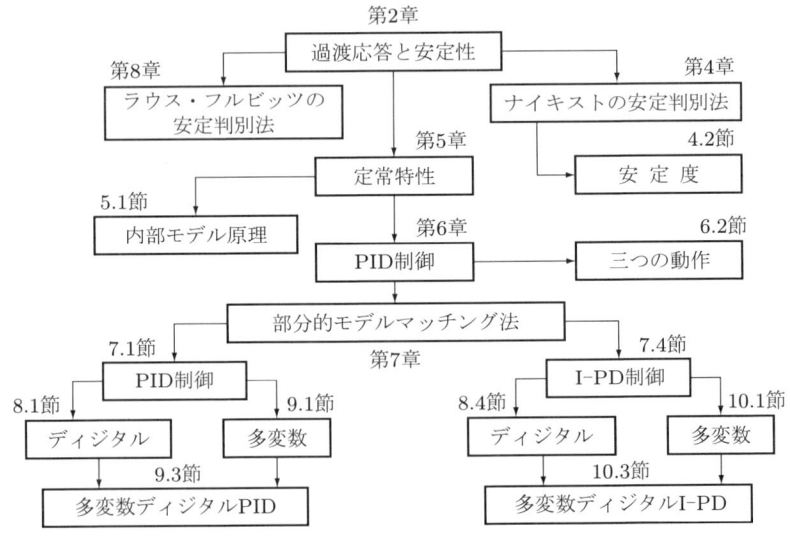

本書の構成

制御対象の基本的な特性だけを使って PID 制御定数を決定するためのテーブルが，いままでに数多く提案されている．これらのテーブルのそれぞれは，膨大な量のシミュレーションに裏付けされているものの，明確な設計思想があるとはいいがたい．

　北森俊行先生が発表された，部分的モデルマッチング法に関する一連の論文には，統一した設計思想が流れている．その設計思想を前面に打ちだしながら，第 7 章から第 10 章までにおいて，部分的モデルマッチング法（いわゆる北森法）をわかりやすくまとめ直したつもりである．本書が北森法の理解と現場での応用，そして，北森法がさらに実用的な設計法として発展するのに少しでも役立てば，著者の本望である．

　最後に，演習で学ぶシリーズの第 3 弾として，PID 制御をテーマにあげた際に賛成していただいた森北出版，北森法をまとめ直すことに許可をだしていただいた北森俊行先生，計算機シミュレーションを手伝ってくれた大学院生星野良太君と田島淳一君に深く感謝します．

2009 年 9 月

森　泰親

目　　次

第1章　システムと制御　　　　　　　　　　　　　　　　　　　　　　1

第2章　過渡応答と安定性　　　　　　　　　　　　　　　　　　　　　4
2.1　基本要素の時間応答 …………………………………………………………　4
2.2　1次遅れ，オーバーシュート，逆応答する要素の時間応答 ……………　6
2.3　2次遅れ要素の時間応答 ……………………………………………………　11
2.4　複素平面上の極の位置と時間応答 …………………………………………　13

第3章　ラウス・フルビッツの安定判別法　　　　　　　　　　　　　18
3.1　ラウス・フルビッツの安定判別法とは ……………………………………　18
3.2　特別な処理が必要となる場合 ………………………………………………　22
3.3　パラメータ変換による特性指定 ……………………………………………　29
3.4　制御系設計への応用 …………………………………………………………　33
　　　章末問題 ………………………………………………………………………　39

第4章　ナイキストの安定判別法　　　　　　　　　　　　　　　　　41
4.1　ナイキストの安定判別法とは ………………………………………………　41
4.2　安定度 …………………………………………………………………………　45
　　　章末問題 ………………………………………………………………………　49

第5章　定　常　特　性　　　　　　　　　　　　　　　　　　　　　50
5.1　内部モデル原理 ………………………………………………………………　50
5.2　定常偏差の計算 ………………………………………………………………　53

第6章　PID 制　御　　　　　　　　　　　　　　　　　　　　　　　60
6.1　PID 制御の構造 ………………………………………………………………　60
6.2　三つの動作とそれらの働き …………………………………………………　62

第7章 部分的モデルマッチング法　　67
7.1 部分的モデルマッチング法による PID 制御 ………………… 67
7.2 PID 制御系設計数値例 ……………………………………… 75
7.3 部分的モデルマッチング法による I-PD 制御 ………………… 92
7.4 I-PD 制御系設計数値例 ……………………………………… 96

第8章 ディジタル PID 制御　　109
8.1 部分的モデルマッチング法によるディジタル PID 制御 …… 109
8.2 ディジタル PID 制御系設計数値例 ………………………… 114
8.3 部分的モデルマッチング法によるディジタル I-PD 制御 …… 119
8.4 ディジタル I-PD 制御系設計数値例 ………………………… 125

第9章 多変数 PID 制御　　130
9.1 部分的モデルマッチング法による多変数 PID 制御 ………… 130
9.2 多変数 PID 制御系設計数値例 ……………………………… 136
9.3 異なるサンプリング周期を有する多変数ディジタル PID 制御 … 142
9.4 多変数ディジタル PID 制御系設計数値例 ………………… 148

第10章 多変数 I-PD 制御　　153
10.1 部分的モデルマッチング法による多変数 I-PD 制御 ……… 153
10.2 多変数 I-PD 制御系設計数値例 …………………………… 157
10.3 異なるサンプリング周期を有する多変数ディジタル I-PD 制御 … 161
10.4 多変数ディジタル I-PD 制御系設計数値例 ……………… 168

章末問題の解答 ………………………………………………………… 173
参考文献 ………………………………………………………………… 178
索　　引 ………………………………………………………………… 179

1 システムと制御

　制御工学は，制し御するための学問である．力ずくで何かをすることで制御したい対象を希望どおりに制し御することはできない．制御するには，その対象の特性を把握し，それに応じた操作を施すことが必要である．

　制御を行うにはまず，対象とするシステムのどの物理量を制御したいかを明確にしなくてはならない．これを制御量という．制御量はいろいろな要因で変化する．制御量に影響を与えるもののうちで，われわれが自由に操作できるものを操作量とよぶ．操作量が制御量に与える影響のメカニズムを解析し，これを考慮することで初めて思いどおりにシステムを操ることが可能となる．このメカニズムを本書では，伝達関数で表現する．伝達関数で表現されたシステムの安定性，過渡特性，定常特性などの解析法を学び，その知識のうえにPID制御の概念と設計法を積み上げるのが本書の狙いである．

　たとえば，容器の中に何種類かの原料と触媒を入れ，化学反応することで製品を生産する場面を思い浮かべてもらいたい．容器内の温度と，かくはんするプロペラの回転速度をうまく調整して期待どおりの化学反応を起こさせる．ここで原料の一部は，前段の工程において作られるのが通常であるため，つねに一定の品質と量である保証はない．また，容器が置かれている周りの環境の変化によっても化学反応の具合が異なってくるであろう．これらが外乱とみなされる．

　この化学プラントの制御量は製品の品質であり，pHや組成などで定量的に評価することができる．制御するには，外乱が存在するためフィードバック制御系にしなくてはならず，このため実時間で制御量の状態を知る必要がある．しかしながら，多くの場合，pHや組成などを実時間で測定することはむずかしく，ときどきサンプルを採って調べるのが精一杯であろう．すなわち，制御量の正確な情報がときどきにしか入手できない状況である．このように測定や分析に時間を要する場合は，間欠フィードバックとならざるを得ない．

　ときどき入手できる情報に基づいて制御するのでは，外乱による悪影響を迅速に抑制することができない．そこで，制御したいそのものではないけれど，温度，圧力，流量，回転速度など実時間で測ることのできる物理量を観測量あるいは制御量としてフィードバック制御を行う．これを間接フィードバックという．化学プラントに代表される

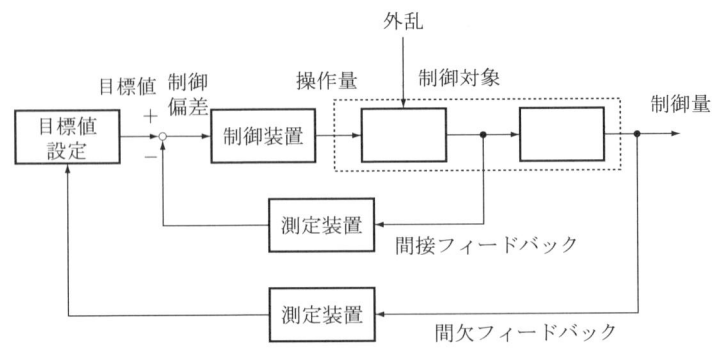

図 1.1 フィードバック制御系

プロセス制御の現場では，この間接フィードバック制御が多く用いられている．図 1.1 にフィードバック制御系の構成を示す．

もっと身近な例で考えてみよう．台所で天ぷらを揚げているときは，油の温度を一定に保ちつつ，揚げ時間を調節する．油の温度を一定に保持するために，ガスレンジの火力調節レバーを操作する．揚げ時間は，衣の色を見てである．したがって，つぎのようになる．

まず制御量は，天ぷらの揚がり具合であることを念押ししておく．おいしく揚がったかどうかを確かめるには，ときどき食べてみるしかない．これが間欠フィードバックである．そう頻繁に食べるわけにはいかないが，この試食によって，衣の色加減の目標値を変更することが考えられる．

このようにして設定した，衣の色の目標値になるまで天ぷらを注視して，いつ油の海から引き揚げるかを判断する．このとき，天ぷらの衣の色がフィードバック量であるから，これは間接フィードバックといえる．また，油の温度は通常，温度計では測らない．もちろん，指を入れて測るのでもない．実は，ときどき衣を油の中に落としてみて，最初沈んだ衣が浮き上がってくるまでの時間を計って温度を知るのである．これは間欠かつ間接フィードバックである．あとは，勘と経験で勝負しているにすぎない．

プロセス制御の分野においても，勘と経験に従って制御定数を決めている場合が少なからずある．それは，制御対象が化学プラントであるとき，定常状態における反応は正確にわかるとしても，過渡状態における動的振る舞いを正確に把握することができないからである．現場調整，すなわち，実際のプラントの反応を見ながら制御定数を試行錯誤的に探すことすらある．PID 制御がプロセス制御の分野において重宝されているのは，PID 制御が直感的に理解しやすく現場向きであり，また，汎用性にすぐ

れているからである.

　PID 制御を習得するための本書の構成は，つぎのようになっている．第 2 章では，ボード線図，極の複素平面上での位置，時間応答波形の三つを見比べることで，それぞれのつながりを学ぶ．第 3 章ではラウス・フルビッツの安定判別法を，第 4 章ではナイキストの安定判別法と安定度をまとめる．これらは制御対象およびフィードバック制御系の特性解析の道具として必要となる．制御系の構造を決める際には，定常特性の議論を避けることはできない．そこで第 5 章では内部モデル原理を復習し，さらにはフィードバック制御系の定常偏差の計算法を学ぶ．第 6 章以降は，PID 制御がテーマである．まず第 6 章では，PID 制御の三つの動作のそれぞれの役割を考える．第 7 章は，部分的モデルマッチング法による PID 制御系設計の基本事項を紹介している．この手法のディジタル制御への拡張は第 8 章で行う．多変数 PID 制御と多変数 I-PD 制御はそれぞれ第 9 章と第 10 章で学ぶ．

2 過渡応答と安定性

制御する第1の目的は，システムの安定化である．伝達関数表現されたシステムの安定性を調べるには，極を計算して複素平面にプロットする．このとき，すべての極が左半平面に存在すれば，安定なシステムであることはよく知られている．しかしながら，安定であっても，過渡的な振る舞いは極の位置によって大きく異なる．

本章では，複素平面上における極・零点の位置と過渡応答，さらにはボード線図とのつながりを調べる．これらの間のつながりを理解しておけば，どれか一つの情報を得たときに，他の二つの立場からの考察もあわせてできるので，第7章以降の設計において構成後のフィードバック制御系の性能を理解する助けとなる．

このことはまた，設計の際に大きなアドバンテージとなり得る．たとえば，ボード線図を描くことによって，速応性と振動性を推定することができ，過渡応答の波形とともに，複素平面上における極・零点の位置が頭の中に浮かび上がるようになれば，過渡応答シミュレーションや極・零点の計算をする必要がなくなり，その分作業効率が上がる．

2.1 基本要素の時間応答

複素平面上における極・零点の位置と過渡応答，さらにはボード線図とのつながりをくわしく調べる前に，まずは，基本要素について知識の整理をしておこう．本節では，微分要素，積分要素，むだ時間要素それぞれのボード線図と時間応答をまとめる．

【演習 2.1】（微分要素の時間応答）

入力信号を時間微分したものが出力信号として現れる線形要素を微分要素という．微分要素を伝達関数表現すると，$T_D s$ で表すことができる．ここで，$T_D = 1, 2, 5$ としたときの，ボード線図と単位ランプ応答を示せ．

解 ボード線図を図 2.1 (a) に，単位ランプ応答を図 2.1 (b) に示す．
ゲイン特性曲線は，角周波数 ω が 10 倍増加するごとに 20 dB 増加する一定の傾きをもつ直線であって，0 dB となるのは $\omega = 1/T_D$ のときである．また，位相は 90 deg の一定値をとる．したがってボード線図は，図 2.1 (a) のようになる．

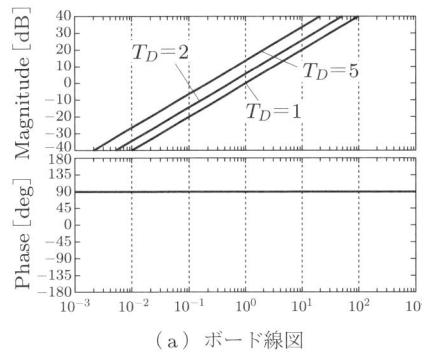
(a) ボード線図

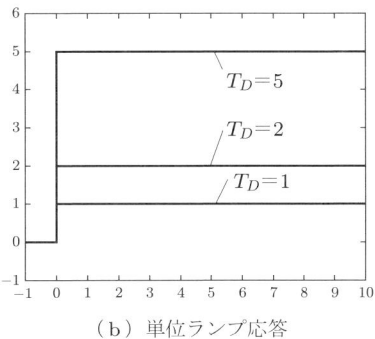
(b) 単位ランプ応答

図 **2.1** 微分要素 $T_D s$

傾きが，大きさ 1 の直線である関数を入力信号としたときの応答を単位ランプ応答という．この入力信号の時間微分は一定値 1 であるから，それに定数 T_D を乗じた値が微分要素 $T_D s$ の単位ランプ応答となり，図 2.1 (b) を得る．◀

―【演習 2.2】（積分要素の時間応答）――――――――――――――――

　入力信号を時間積分したものが，出力信号として現れる線形要素を積分要素という．積分要素を伝達関数表現すると，$\dfrac{1}{T_I s}$ で表すことができる．ここで，$T_I = 1, 2, 5$ としたときの，ボード線図と単位ステップ応答を示せ．

解　ボード線図を図 2.2 (a) に，単位ステップ応答を図 2.2 (b) に示す．
　ゲイン特性曲線は，角周波数 ω が 10 倍増加するごとに 20 dB 減少する一定の傾きをもつ直線であって，0 dB となるのは $\omega = 1/T_I$ のときである．また，位相は -90 deg の一定値を

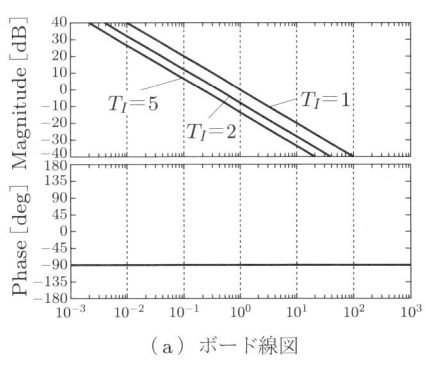
(a) ボード線図

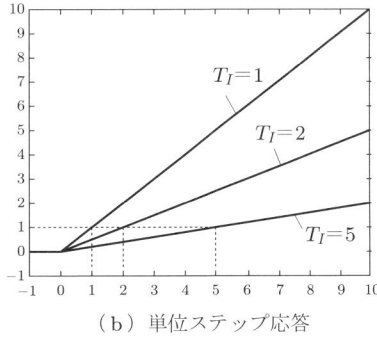
(b) 単位ステップ応答

図 **2.2** 積分要素 $\dfrac{1}{T_I s}$

とる．したがってボード線図は，図 2.2 (a) のようになる．

　大きさ 1 の関数を入力信号としたときの応答を，単位ステップ応答という．この入力信号の時間積分は傾きが大きさ 1 の直線であるから，それを定数 T_I で割った値が積分要素 $\frac{1}{T_I s}$ の単位ステップ応答となり，図 2.2 (b) を得る． ◀

【演習 2.3】（むだ時間要素の時間応答）

　入力信号がその形を保ったまま，時間的に遅れて出力信号として現れる線形要素をむだ時間要素という．むだ時間要素を伝達関数表現すると，e^{-Ls} で表すことができる．ここで，$L = 1, 2, 5$ としたときの，ボード線図と単位ランプ応答を示せ．

解　ボード線図を図 2.3 (a) に，単位ランプ応答を図 2.3 (b) に示す．

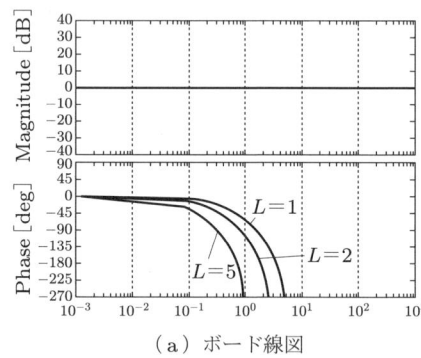
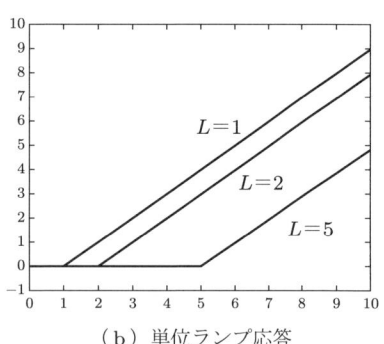

（a）ボード線図　　　　　　　　　　（b）単位ランプ応答

図 2.3　むだ時間要素 e^{-Ls}

　入力信号と出力信号は全周波数帯域において大きさの違いはない．したがって，ゲインは一定値 0 dB となる．位相は ω に正比例するものの，ボード線図の横軸が対数目盛のため直線にはならず，図 2.3 (a) のようになる．

　傾き 1 の直線関数を入力信号としているので，出力信号は，むだ時間 L だけ立ち上がりが遅れる傾き 1 の直線となることが図 2.3 (b) において確認できる． ◀

2.2　1 次遅れ，オーバーシュート，逆応答する要素の時間応答

　前節では基本要素を扱った．本節では 1 次遅れ要素を中心に，複素平面上における極・零点の位置と過渡応答さらにはボード線図とのつながりを調べる．具体的には，

1次遅れ要素，1次遅れ要素とむだ時間要素が直列に結合された要素，オーバーシュートする要素，逆応答する要素である．後半の二つの要素は，極と零点の位置関係によって過渡応答はまったく違ってくる．これをみるために，演習 2.6 と演習 2.7 において同じ位置の極を扱っていることに注意されたい．

【演習 2.4】（1 次遅れ要素の時間応答）

入力信号から出力信号までの特性を伝達関数表現するときに，分母が s の 1 次多項式となる線形要素を 1 次遅れ要素といい，標準形式は $\dfrac{1}{1+Ts}$ で与えられる．伝達関数 $\dfrac{1}{1+Ts}$ において $T = 1, 2, 5$ としたときの，極の位置，ボード線図および単位ステップ応答を示せ．

解 極の位置を図 2.4 (a) に，ボード線図を図 2.4 (b) に，単位ステップ応答を図 2.4 (c) に示す．

伝達関数の分母をゼロとする s を極，分子をゼロとする s を零点という．1 次遅れ要素の

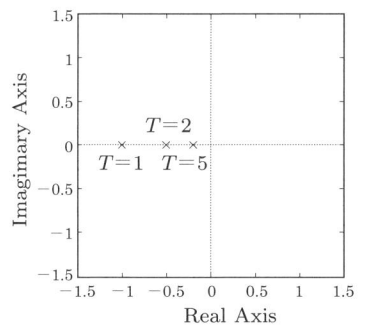

（a）極の位置

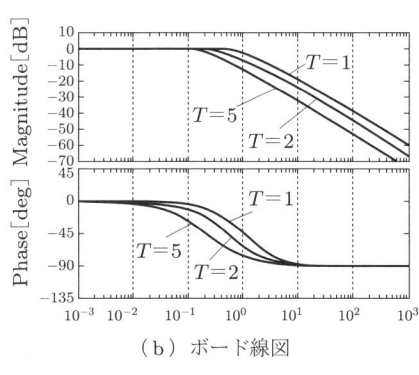

（b）ボード線図

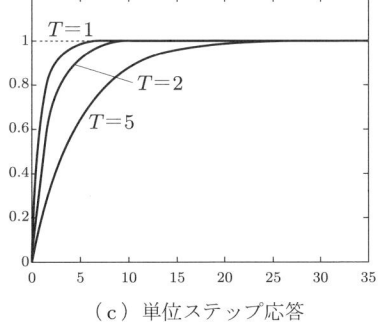

（c）単位ステップ応答

図 **2.4** 1 次遅れ要素 $\dfrac{1}{1+Ts}$

分母多項式をゼロとする方程式を特性方程式という．すなわち極は特性方程式の解である．1次遅れ要素では，特性方程式 $1 + Ts = 0$ を解くことで極を得る．

1次遅れ要素のゲイン特性曲線は，低周波数領域では0 dB，高周波数領域では角周波数 ω が10倍増加するごとに20 dB減少する一定の傾きをもつ直線となる．この傾きを $-20\,\mathrm{dB/dec}$ と表現する．位相特性曲線は，低周波数領域では0 deg，高周波数領域では $-90\,\mathrm{deg}$ である．

図 2.4 (c) は，大きさ1の関数を入力信号としたときの応答である．時間が十分に経過したときの状態を定常状態，それまでの過渡的な振る舞いを過渡応答とよぶことにする．T の値を変えても定常状態は同じであるが，過渡応答は違ってくる．定常状態の約63%に達するまでに要する時間が T である．この T を時定数という．

【演習 2.5】（むだ時間1次遅れ要素の時間応答）

伝達関数 $\dfrac{K}{1+Ts}e^{-Ls}$ で表される要素を考えよう．ここで，K はゲイン，T は時定数，L はむだ時間である．伝達関数 $\dfrac{K}{1+Ts}e^{-Ls}$ において $(K, T, L) = (1, 1, 1)$, $(2, 2, 2)$, $(5, 5, 5)$ としたときの，ボード線図と単位ステップ応答を示せ．

解 ボード線図を図 2.5 (a) に，単位ステップ応答を図 2.5 (b) に示す．

演習 2.4 のボード線図における3本のゲイン特性曲線は，すべて低周波数領域では0 dBであった．このことは，T の値にかかわらず単位ステップ応答の定常状態が1になることを示唆している．図 2.5 (a) のゲイン特性曲線は，低周波数領域において，ゲイン K の値に応じた値となっている．具体的には $20\log_{10} K$ であって，単位ステップ応答の定常状態が異なる3本の線が図 2.5 (b) に描かれることに密接に関係する．

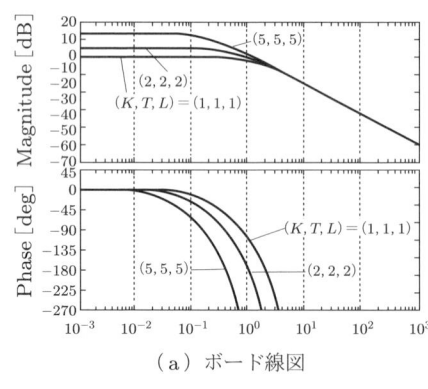 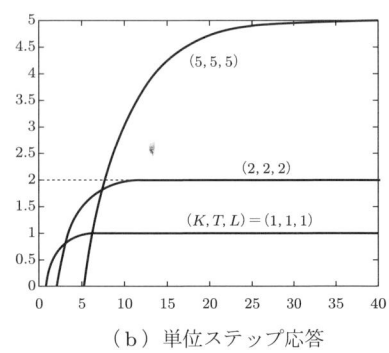

（a）ボード線図　　　　　　　　　　（b）単位ステップ応答

図 2.5　$\dfrac{K}{1+Ts}e^{-Ls}$

【演習 2.6】(オーバーシュートする要素の時間応答)

伝達関数 $\dfrac{1+Ts}{(1+s)(1+2s)}$ は，分母が s の 2 次多項式，分子が s の 1 次多項式で表されている．二つの極は $-1.0, -0.5$ に固定しておいて，零点を変化させたときの様子を見よう．$T = 0.5, 5, 10$ としたときの，極と零点の位置，ボード線図および単位ステップ応答を示せ．

解 極と零点の位置を図 2.6 (a) に，ボード線図を図 2.6 (b) に，単位ステップ応答を図 2.6 (c) に示す．

図 2.6 (a) から，極と零点はすべて安定領域である左半平面に存在していることがわかる．$T = 0.5$ のときは，二つの極よりも左側に零点がある．これに対して $T = 5$ のときは，二つの極よりも右側にあり虚軸に近い．この差は図 2.6 (c) の単位ステップ応答に現れ，前者はまったくオーバーシュートしないのに比べて，後者は約 50% ものオーバーシュートをする．

$T = 10$ のときの零点は，さらに虚軸に近づく．このときは，過渡応答において約 2.8 までオーバーシュートしたのち，定常状態の 1 に収束する．虚軸に近いほど零点の影響が顕著に現れることがわかる．これを，支配的であるという表現を用いることがある．

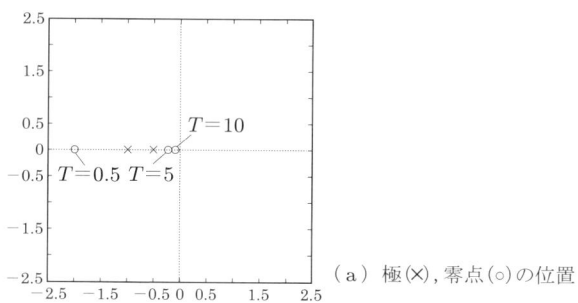

(a) 極(×), 零点(○)の位置

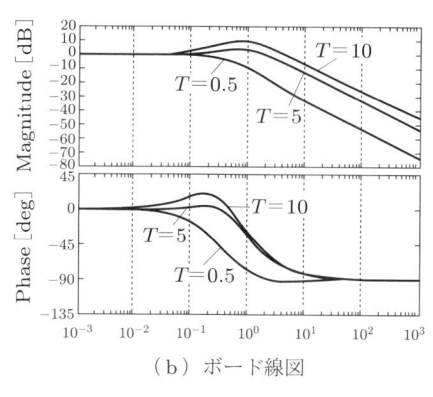

(b) ボード線図

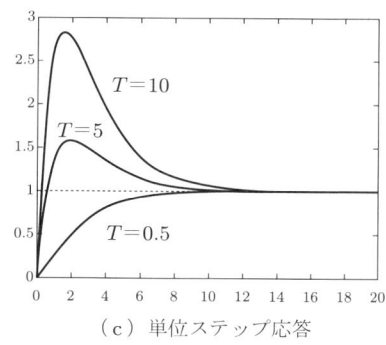

(c) 単位ステップ応答

図 2.6 $\dfrac{1+Ts}{(1+s)(1+2s)}$

―【演習 2.7】（逆応答する要素の時間応答）――――――――――――

伝達関数 $\dfrac{1-Ts}{(1+s)(1+2s)}$ において，二つの極は -1.0, -0.5 に固定しておいて，零点を変化させたときの様子を調べる．演習 2.6 に比べて，極の位置はまったく同じであるが，零点を不安定領域に配置させてみよう．$T=0.5, 5, 10$ としたときの，極と零点の位置，ボード線図および単位ステップ応答を示せ．

解 極と零点の位置を図 2.7 (a) に，ボード線図を図 2.7 (b) に，単位ステップ応答を図 2.7 (c) に示す．

図 (c) に示すように，T の値によらず，定常状態では 1 に収束する．いったん，逆に振れることから，逆応答あるいはアンダーシュートするという．零点が支配的な位置にあるほど激しく逆応答することがわかる．

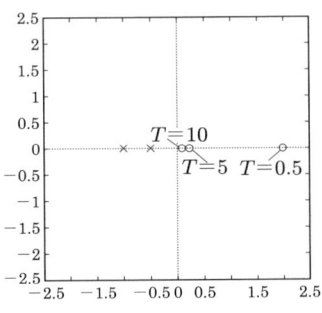

（a）極(×)，零点(○)の位置

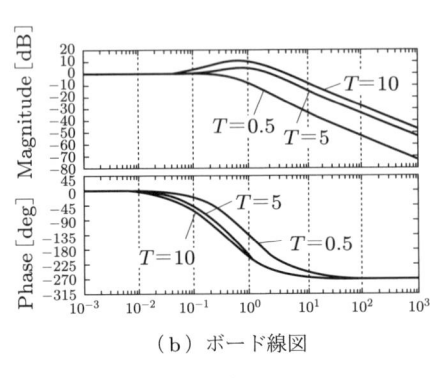

（b）ボード線図

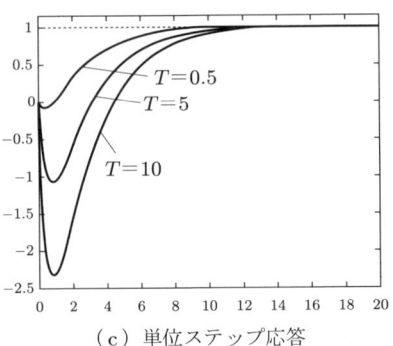

（c）単位ステップ応答

図 2.7 $\dfrac{1-Ts}{(1+s)(1+2s)}$

2.3 2次遅れ要素の時間応答

ここでは，2次遅れ要素に絞って，極の位置，ボード線図そして時間応答のつながりを体験する．演習 2.8 では，標準形式の減衰係数 ζ だけを変化させる場合を，演習 2.9 では標準形式の固有角周波数 ω_n だけを変化させる場合を扱う．

【演習 2.8】（2次遅れ要素の時間応答）

入力信号から出力信号までの特性を伝達関数表現するときに，分母が s の2次多項式となる線形要素を2次遅れ要素といい，標準形式は $\dfrac{\omega_n{}^2}{s^2 + 2\zeta\omega_n s + \omega_n{}^2}$ で与えられる．伝達関数 $\dfrac{\omega_n{}^2}{s^2 + 2\zeta\omega_n s + \omega_n{}^2}$ において，$\omega_n = 1.0$, $\zeta = 0.15$, 0.4, 1.0 としたときの，極の位置，ボード線図および単位ステップ応答を示せ．

解 極の位置を図 2.8 (a) に，ボード線図を図 2.8 (b) に，単位ステップ応答を図 2.8 (c) に示す．

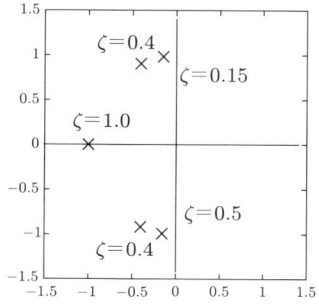

(a) 極の位置

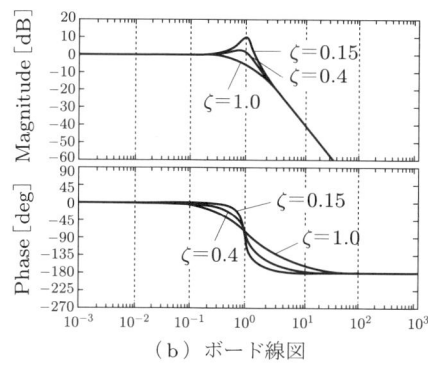

(b) ボード線図

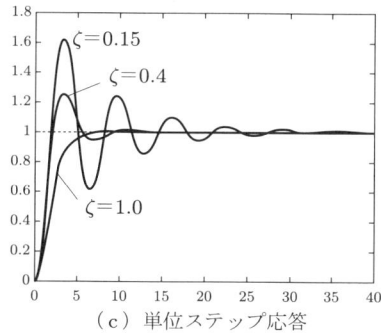

(c) 単位ステップ応答

図 2.8 2次遅れ要素 ($\omega_n = 1.0$)

固有角周波数 ω_n が一定であるから,図 2.8 (a) のすべての極は原点からの距離が等しい.また,同図 (b) では高周波数領域においては,$-40\,\mathrm{dB/dec}$ の直線部分が重なり,同図 (c) では立ち上がり部分が重なる.

減衰係数 ζ が小さくなると,極と原点を結ぶ線分と虚軸がなす角が小さくなり,ゲイン特性曲線はピーク量が大きくなる.そしてステップ応答は振動が激しくなる. ◀

【演習 2.9】(2 次遅れ要素の時間応答)

伝達関数 $\dfrac{\omega_n^2}{s^2 + 2\zeta\omega_n s + \omega_n^2}$ において,$\zeta = 0.2$,$\omega_n = 0.2, 0.4, 1.0$ としたときの,極の位置,ボード線図および単位ステップ応答を示せ.

解 極の位置を図 2.9 (a) に,ボード線図を図 (b) に,単位ステップ応答を図 (c) に示す.

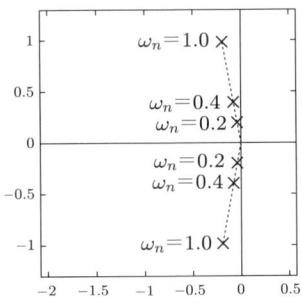

(a) 極の位置

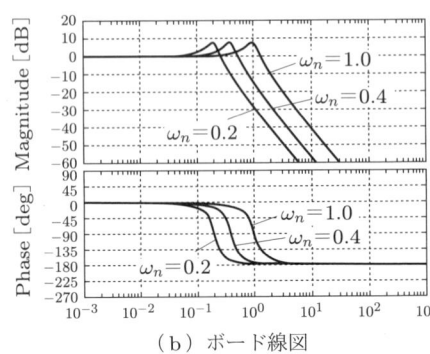

(b) ボード線図

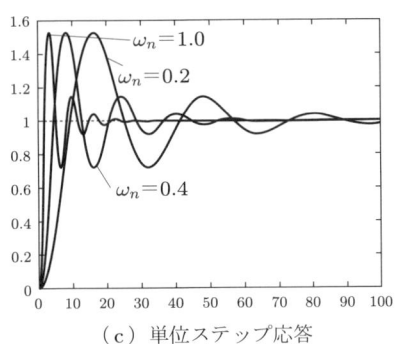

(c) 単位ステップ応答

図 **2.9** 2 次遅れ要素 ($\zeta = 0.2$)

減衰係数 ζ が一定であるから,図 2.8 (a) で明らかなように,極と原点を結ぶ線分と虚軸がなす角が等しくなる.また,同図 (b) から,ゲイン特性曲線,位相特性曲線とも,形はそのままで横軸移動していることがわかる.同図 (c) のステップ応答からは,時間軸を調整すれば 3 本の波形は一致することが読み取れる. ◀

2.4 複素平面上の極の位置と時間応答

極の実部の値によって、指数関数的に減衰あるいは発散する速度が定まり、虚部の値で振動の周期が定まる。ここでは、極が実数のときは1次遅れ要素、複素数のときは2次遅れ要素とし、すべて零点のない系を扱う。

【演習 2.10】（極が実数のときの時間応答）

1次遅れ要素は、標準形式 $\dfrac{1}{1+Ts}$ で与えることができる。ここで、極が、-2, -1, 0, 0.5, 1 であるときの単位ステップ応答を示せ。

解 極の位置と単位ステップ応答を図 2.10 から図 2.15 に示す。

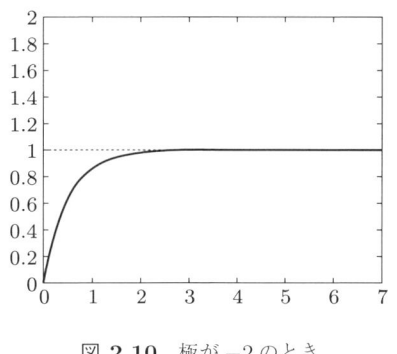

図 2.10 極が -2 のとき

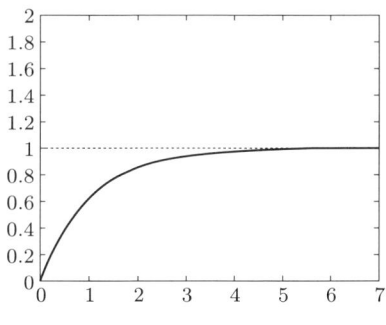

図 2.11 極が -1 のとき

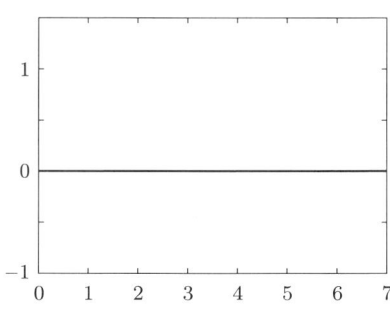

図 2.12 極が 0 のとき

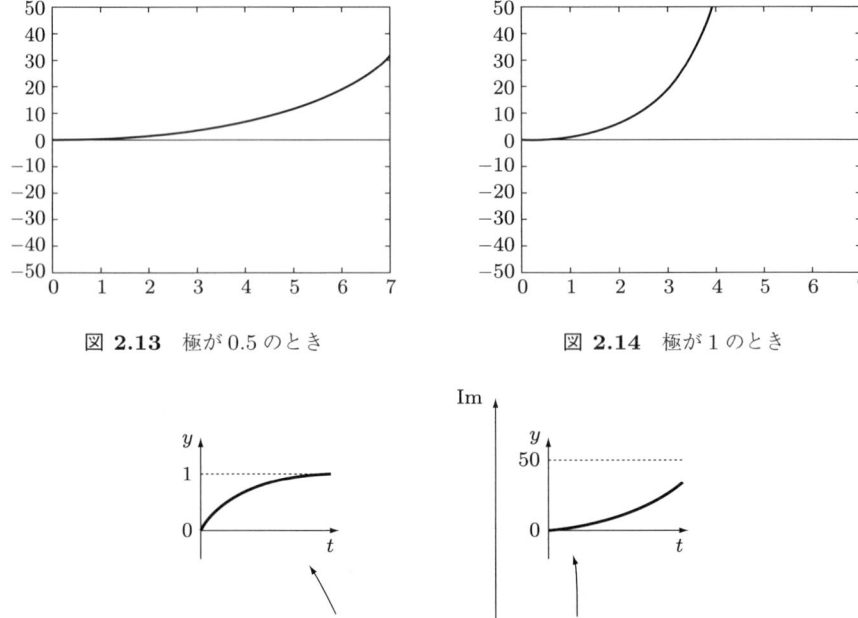

図 2.13 極が 0.5 のとき　　図 2.14 極が 1 のとき

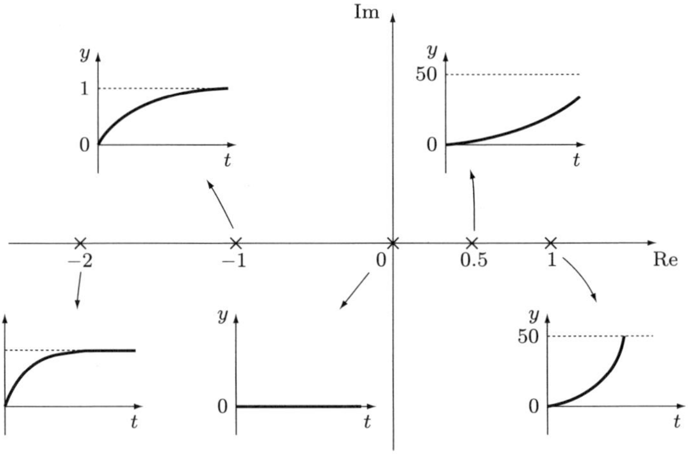

図 2.15　極の位置と単位ステップ応答

1次遅れ要素の単位ステップ応答は，出力信号を $y(t)$ で表すとき，$y(t) = 1 - e^{\alpha t}$ となる．ただし，α は極である．極が負ならば，1 に収束し，ゼロならば原点にとどまったまま，正ならば発散する． ◀

【演習 2.11】（極が複素数のときの時間応答）

2次遅れ要素は，標準形式 $\dfrac{\omega_n{}^2}{s^2 + 2\zeta\omega_n s + \omega_n{}^2}$ で与えることができる．ここで，極の実部が -2，-1，0，0.5，1 で，それぞれの場合の虚部が $\pm j2$，$\pm j4$ であるときの時間応答を示せ．

解　極の位置と単位ステップ応答を図 2.16 から図 2.26 に示す．

2.4 複素平面上の極の位置と時間応答 15

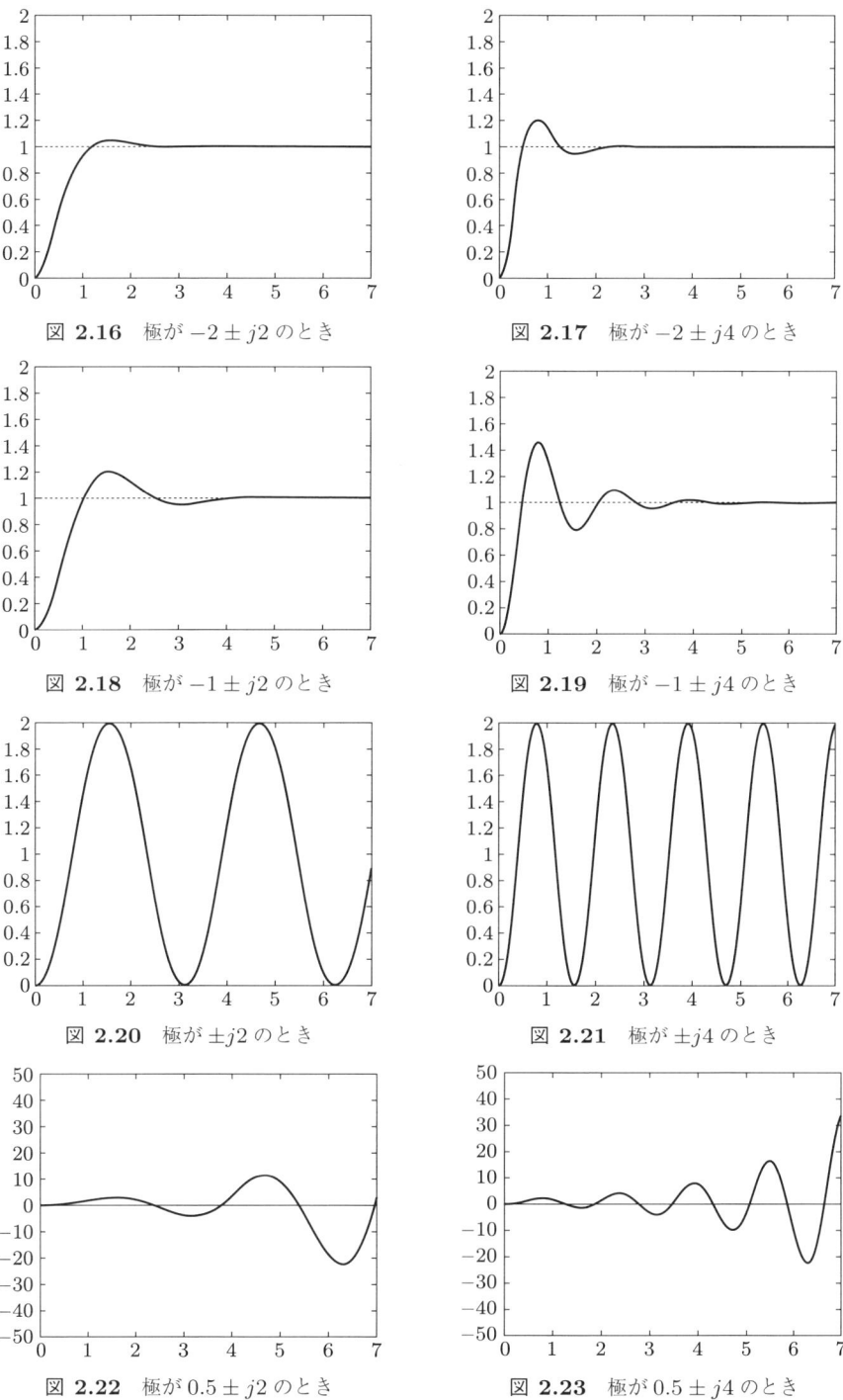

図 2.16 極が $-2 \pm j2$ のとき

図 2.17 極が $-2 \pm j4$ のとき

図 2.18 極が $-1 \pm j2$ のとき

図 2.19 極が $-1 \pm j4$ のとき

図 2.20 極が $\pm j2$ のとき

図 2.21 極が $\pm j4$ のとき

図 2.22 極が $0.5 \pm j2$ のとき

図 2.23 極が $0.5 \pm j4$ のとき

16 第2章 過渡応答と安定性

図 **2.24** 極が $1 \pm j2$ のとき

図 **2.25** 極が $1 \pm j4$ のとき

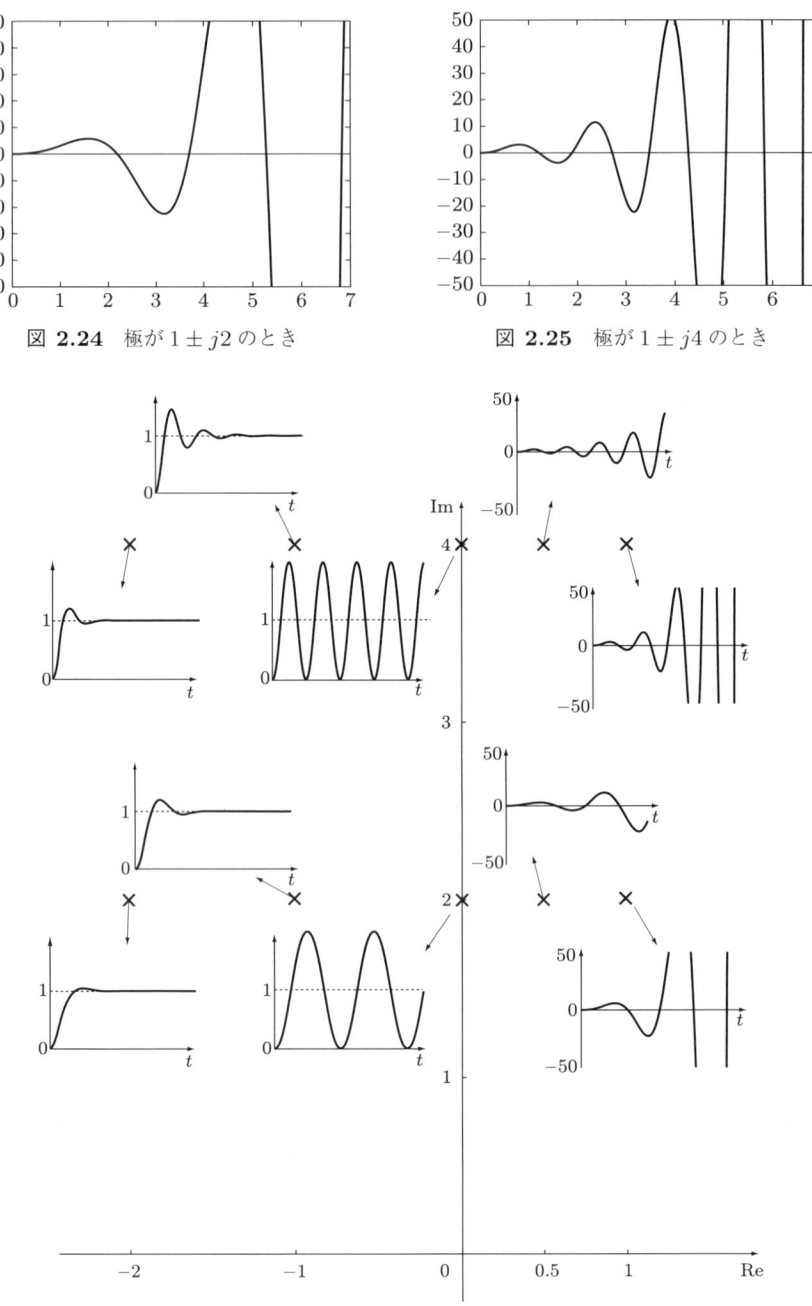

図 **2.26** 極の位置と単位ステップ応答

2次遅れ要素の極を $\alpha \pm j\beta$ で表すとき，出力信号は $y(t) = 1 - \kappa e^{\alpha t} \sin(\beta t + \varphi)$ となる．

ここで，κ と φ は，α と β から決まる定数である．極の虚部である β が小さいときは振動の周期は長く，大きいときは激しく振動する．また，極の実部である α が負のときは 1 に収束し，ゼロのときは持続振動，正のときは振動しながら発散する． ◀

3 ラウス・フルビッツの安定判別法

　システムが安定かどうかを調べるには，特性方程式を解く必要があるが，高次になると電卓を使っても解を求めるのは困難になる．そこで解を直接求めることなく，特性方程式の係数から四則演算だけで安定か否かを判別する方法が提案された．これをラウス・フルビッツの安定判別法という．

　この安定判別法は，設計後のフィードバック制御系の安定／不安定の判別に使えるばかりか，制御系を安定に保つために，必要にして十分なゲインの範囲をあらかじめ知ることができるので，制御装置の可変ゲインを調節する際に役に立つ．

3.1　ラウス・フルビッツの安定判別法とは

　システムを伝達関数表現したとき，分母多項式をゼロとする方程式を特性方程式という．特性方程式が

$$a_n s^n + a_{n-1} s^{n-1} + \cdots + a_1 s + a_0 = 0 \tag{3.1.1}$$

ただし，$a_n > 0$ で表されているとき，ラウス・フルビッツの安定判別法は，つぎのようにまとめることができる．

(1) 安定であるための必要条件：特性方程式の係数のすべてが正であること．
(2) 安定であるための必要十分条件：ラウス表の最左端の列に注目し，すべてが正であること．

　上記の (1) は，係数を一目しただけで，満足しているかどうかを判断することができる．もしも，係数 $a_{n-1}, a_{n-2}, \ldots, a_1, a_0$ に，負あるいはゼロがあれば，調べようとしているシステムは不安定である．しかし，この条件は必要条件にすぎないので，係数のすべてが正であるからといって，システムが安定であるとは限らない．これに対して，(2) は必要十分条件である．(1) と (2) の両方を満たすことが安定であるための必要十分条件であると書かれている本があるが，それは間違いである．

　ラウス表のつくり方は演習を通して学ぶ．ラウス表の最左端の列に負あるいはゼロがあればシステムは不安定であり，正と負の符号変化の回数が不安定な特性根の数に相当する．

【演習 3.1】（安定なシステム）

特性方程式が
$$s^4 + 7s^3 + 18s^2 + 22s + 12 = 0 \tag{3.1.2}$$
であるとき，このシステムの安定判別を行え．

解 特性方程式の係数のすべてが正であるので，安定であるための必要条件は成り立っている．ラウス表をつくろう．

$$
\begin{array}{cccc}
s^4 \text{行} & 1 & 18 & 12 \\
s^3 \text{行} & 7 & 22 & \\
s^2 \text{行} & b_1 & b_2 & \\
s^1 \text{行} & c_1 & c_2 & \\
s^0 \text{行} & d_1 & & \\
\end{array}
$$

s^2 行の b_1 と b_2 は，つぎのように計算される．

$$b_1 = \frac{7 \times 18 - 1 \times 22}{7} = \frac{104}{7} \tag{3.1.3}$$

$$b_2 = \frac{7 \times 12 - 1 \times 0}{7} = 12 \tag{3.1.4}$$

式 (3.1.4) から，b_2 は a_0 と同じ値になることがわかる．c_1 は，s^3 行と s^2 行を用いて，つぎのように計算される．

$$c_1 = \frac{\frac{104}{7} \times 22 - 7 \times 12}{\frac{104}{7}} = \frac{425}{26} \tag{3.1.5}$$

c_2 がゼロなので，最後の行の要素 d_1 は，b_2 と同じ値となる．以上の計算でラウス表は完成する．

$$
\begin{array}{cccc}
s^4 \text{行} & 1 & 18 & 12 \\
s^3 \text{行} & 7 & 22 & \\
s^2 \text{行} & \dfrac{104}{7} & 12 & \\
s^1 \text{行} & \dfrac{425}{26} & 0 & \\
s^0 \text{行} & 12 & & \\
\end{array}
$$

ラウス表の第 1 列の要素はすべて正であるから，このシステムは安定であると判定される．この判定は正しいのであろうか．式 (3.1.2) の特性多項式は

$$\begin{aligned}
&s^4 + 7s^3 + 18s^2 + 22s + 12 \\
&= (s+2)(s+3)(s+1-j)(s+1+j)
\end{aligned} \tag{3.1.6}$$

と変形できるから，特性根は $\lambda_1 = -2$, $\lambda_2 = -3$, $\lambda_{3,4} = -1 \pm j$, と求められ，確かに安定である． ◀

【演習 3.2】（不安定なシステム）

特性方程式が
$$s^4 - 4s^3 + 2s^2 + s + 6 = 0 \tag{3.1.7}$$
であるとき，このシステムの安定判別を行え．

解　特性方程式に負の係数が混ざっているので，安定であるための必要条件を満たしていない．したがって，このシステムは不安定である．

この判定は正しいのであろうか．式 (3.1.7) の特性多項式は
$$s^4 - 4s^3 + 2s^2 + s + 6 = (s^2 + s + 1)(s - 2)(s - 3) \tag{3.1.8}$$
と変形できるから，特性根は $\lambda_{1,2} = \dfrac{-1 \pm j\sqrt{3}}{2}$, $\lambda_3 = 2$, $\lambda_4 = 3$ と求められ，確かに不安定である．

ラウス表を作成して必要十分条件を調べると，不安定根の数を知ることができる．

s^4 行	1	2	6
s^3 行	-4	1	
s^2 行	b_1	b_2	
s^1 行	c_1	c_2	
s^0 行	d_1		

b_1 と b_2 の計算は，つぎのとおりである．
$$b_1 = \frac{-4 \times 2 - 1 \times 1}{-4} = \frac{9}{4} \tag{3.1.9}$$
$$b_2 = a_0 = 6 \tag{3.1.10}$$

また，c_1 は，s^3 行と s^2 行を用いて，つぎのように計算される．
$$c_1 = \frac{\dfrac{9}{4} \times 1 + 4 \times 6}{\dfrac{9}{4}} = \frac{9 + 24 \times 4}{9} = \frac{105}{9} = \frac{35}{3} \tag{3.1.11}$$

c_2 はゼロ，d_2 は b_2 と同じ値となるから，ラウス表ができあがる．

s^4 行	1	2	6
s^3 行	-4	1	
s^2 行	$\dfrac{9}{4}$	6	

s^1 行 $\dfrac{35}{3}$ 0

s^0 行   6

ラウス表の第 1 列の要素の符号は正と負が混ざっている．上から順に，正，負，正，正，正となっており，符号の変化は 2 回ある．このことは，システムには不安定な特性根が 2 個あることを示唆しており，式 (3.1.8) で調べたときの不安定根の数に一致する． ◀

【演習 3.3】（不安定なシステム）

特性方程式が
$$s^5 + 4s^4 + 2s^3 + 3s + 8 = 0 \tag{3.1.12}$$
であるとき，このシステムの安定判別を行え．

解 特性方程式にゼロの係数が混ざっているので，安定であるための必要条件を満たしていない．したがって，このシステムは不安定である．

必要十分条件でも調べてみることにする．ラウス表を計算すると，つぎのようになる．

s^5 行   1   2   3

s^4 行   4   0   8

s^3 行   2   1

s^2 行 -2 8

s^1 行   9   0

s^0 行   8

これより，2 個の不安定根をもつことがわかる．

この判定は正しいのであろうか．式 (3.1.12) の特性多項式は
$$\begin{aligned}
&s^5 + 4s^4 + 2s^3 + 2s + 8 \\
&= (s+3.39)(s-0.749-j0.883)(s-0.749+j0.883) \\
&\quad \times (s+1.05-j0.806)(s+1.05+j0.806)
\end{aligned} \tag{3.1.13}$$
と変形できるから，特性根は -3.39, $0.749 \pm j0.883$, $-1.05 \pm j0.806$ と求められ，確かに不安根を 2 個有している． ◀

【演習 3.4】（不安定なシステム）

特性方程式が
$$s^3 + s^2 + s + 3 = 0 \tag{3.1.14}$$

であるとき，このシステムの安定判別を行え．

解 特性方程式の係数のすべてが正であるので，安定であるための必要条件は成り立っている．ラウス表をつくろう．

$$
\begin{array}{ccc}
s^3 \text{行} & 1 & 1 \\
s^2 \text{行} & 1 & 3 \\
s^1 \text{行} & -2 & 0 \\
s^0 \text{行} & 3 &
\end{array}
$$

ラウス表の第 1 列の要素の符号は上から順に，正，正，負，正であるから，符号の変化は 2 回である．このシステムには 2 個の不安定根があると判定された．

このシステムの特性根を計算すると $\lambda_1 = -1.58$, $\lambda_{2,3} = 0.287 \pm j1.35$ であり，判定結果は正しい． ◀

3.2 特別な処理が必要となる場合

ラウス表を作成する計算過程において割り算がある．割る数がゼロとなってしまうと，その後の計算はできなくなってしまう．このような場合は，特別な処理を施さなくてはならない．

【演習 3.5】（ある行のすべての要素がゼロとなる）

特性方程式が

$$2s^4 + 13s^3 + 17s^2 + 13s + 15 = 0 \tag{3.2.1}$$

であるとき，このシステムの安定判別を行え．

解 特性方程式の係数のすべてが正であるので，安定であるための必要条件は成り立っている．ラウス表をつくろう．

$$
\begin{array}{cccc}
s^4 \text{行} & 2 & 17 & 15 \\
s^3 \text{行} & 13 & 13 & \\
s^2 \text{行} & 15 & 15 & \\
s^1 \text{行} & 0 & 0 &
\end{array}
$$

s^1 行のすべての要素がゼロになった．これでは s^0 行の計算はできない．このようなときは，一つ前の行にもどり，その行の要素をつかって多項式 $P(s)$ を構成する．s^2 行の第 1 列の要素は s^2 の係数，第 2 列の要素は s^0 の係数であるから，s^2 行が表している多項式は，

$$P(s) = 15s^2 + 15 \tag{3.2.2}$$

である．この多項式を s に関して微分する．

$$\frac{dP(s)}{ds} = 30s \tag{3.2.3}$$

式 (3.2.3) は，s^1 の係数が 30 であることを示しており，この値を s^1 行の第 1 列の要素として用いる．s^1 行の第 2 列の要素はゼロなので，s^2 行の第 2 列の要素 15 がそのまま s^0 行の第 1 列の要素となり，ラウス表は完成する．

s^4 行	2	17	15
s^3 行	13	13	
s^2 行	15	15	
s^1 行	30	0	
s^0 行	15		

できあがったラウス表によると，このシステムは安定と判断されている．しかしながら，ラウス表をつくる計算の過程で，s^1 行のすべての要素がゼロとなるという事態に遭遇したから，演習 3.1 とまったく同じであるとは考えられない．

そこで特性方程式 (3.2.1) を因数分解すると

$$2s^4 + 13s^3 + 17s^2 + 13s + 15 = (2s+3)(s+5)(s-j)(s+j) \tag{3.2.4}$$

となるから，特性根は $\lambda_1 = -1.5$，$\lambda_2 = -5$，$\lambda_{3,4} = \pm j$ であることがわかる．複素平面の虚軸上に特性根が存在すると応答が持続振動することは 2.4 節において習った．収束もしないが発散もしないとき，このシステムは安定限界であるという．純虚数の特性根 $\lambda_{3,4} = \pm j$ は，式 (3.2.2) の多項式 $P(s)$ からつくられる補助方程式

$$15s^2 + 15 = 0 \tag{3.2.5}$$

を解いて求めることができる．上式の解は $\pm j$ であって，システムが有する 2 個の純虚数の特性根に一致する．　◀

特性根は，実数もしくは共役複素数なので，上の純虚数は，原点対称の虚軸上の 2 点である．そうならば，原点対称の実軸上の 2 点を特性根としてもつシステムを調べてみたくなるのは当然であろう．

【演習 3.6】（ある行のすべての要素がゼロとなる）

特性方程式が

$$s^4 + 4s^3 + s^2 - 8s - 6 = 0 \tag{3.2.6}$$

であるとき，このシステムの安定判別を行え．

解 特性方程式に負の係数が混ざっているので，安定であるための必要条件を満たしていない．したがって，このシステムは不安定である．実はこのシステムの特性根は $\lambda_1 = -1$，$\lambda_2 = -3$，$\lambda_{3,4} = \pm\sqrt{2}$ であって，原点対称の実軸上の2点が特性根に含まれている．この場合のラウス表は，どのようになるのか調べてみることにする．

$$
\begin{array}{llll}
s^4 \text{行} & 1 & 1 & -6 \\
s^3 \text{行} & 4 & -8 & \\
s^2 \text{行} & 3 & -6 & \\
s^1 \text{行} & 0 & 0 & \\
\end{array}
$$

s^1 行のすべての要素がゼロになった．一つ上の行から多項式 $P(s)$ をつくる．

$$P(s) = 3s^2 - 6 \tag{3.2.7}$$

これを微分すると

$$\frac{dP(s)}{ds} = 6s \tag{3.2.8}$$

であるから，ラウス表は，つぎのようにできあがる．

$$
\begin{array}{llll}
s^4 \text{行} & 1 & 1 & -6 \\
s^3 \text{行} & 4 & -8 & \\
s^2 \text{行} & 3 & -6 & \\
s^1 \text{行} & 6 & 0 & \\
s^0 \text{行} & -6 & & \\
\end{array}
$$

ラウス表最左端の列の係数の符号変化は1回であることから，システムには不安定根が1個存在すると判定でき，このことは正しい．

また，補助方程式

$$3s^2 - 6 = 0 \tag{3.2.9}$$

の解 $\pm\sqrt{2}$ は，システムが有する原点対称の実軸上の2点の特性根に一致する． ◀

【演習 3.7】（ある行のすべての要素がゼロとなる）

特性方程式が

$$s^5 + 3s^4 + 4s^3 + 12s^2 + 4s + 12 = 0 \tag{3.2.10}$$

であるとき，このシステムの安定判別を行え．

解 特性方程式の係数のすべてが正であるので，安定であるための必要条件は成り立っている．ラウス表をつくろう．

$$
\begin{array}{cccc}
s^5 \text{行} & 1 & 4 & 4 \\
s^4 \text{行} & 3 & 12 & 12 \\
s^3 \text{行} & 0 & 0 & 0
\end{array}
$$

s^3 行のすべての要素がゼロになった．そこで，s^4 行の要素を使って構成する多項式

$$P(s) = 3s^4 + 12s^2 + 12 \tag{3.2.11}$$

を s に関して微分する．

$$\frac{dP(s)}{ds} = 12s^3 + 24s \tag{3.2.12}$$

この係数を s^3 行の要素に用いてラウス表の計算を進める．

$$
\begin{array}{cccc}
s^5 \text{行} & 1 & 4 & 4 \\
s^4 \text{行} & 3 & 12 & 12 \\
s^3 \text{行} & 12 & 24 & 0 \\
s^2 \text{行} & 6 & 12 & \\
s^1 \text{行} & 0 & 0 &
\end{array}
$$

再び s^1 行のすべての要素がゼロになった．上と同じ処理を施してラウス表は完成する．

$$
\begin{array}{cccc}
s^5 \text{行} & 1 & 4 & 4 \\
s^4 \text{行} & 3 & 12 & 12 \\
s^3 \text{行} & 12 & 24 & 0 \\
s^2 \text{行} & 6 & 12 & \\
s^1 \text{行} & 12 & 0 & \\
s^0 \text{行} & 12 & &
\end{array}
$$

演習 3.5 で解説したように，このシステムは安定限界である．すなわち，複素平面における左半平面と虚軸上に特性根が存在する．虚軸上の特性根は，多項式 (3.2.11) の零点，すなわち方程式

$$s^4 + 4s^2 + 4 = 0 \tag{3.2.13}$$

の解として得られる．このことは，特性方程式 (3.2.10) を $s^4 + 4s^2 + 4$ で割ってみれば判明する．

$$\begin{array}{r} s+3 \\ s^4+4s^2+4 \overline{\smash{\big)}\, s^5+3s^4+4s^3+12s^2+4s+12} \\ \underline{s^5 +4s^3 +4s } \\ 3s^4 +12s^2 +12 \\ \underline{3s^4 +12s^2 +12} \\ 0 \end{array}$$

したがって
$$s^5+3s^4+4s^3+12s^2+4s+12=(s+3)(s^2+2)^2 \tag{3.2.14}$$

と因数分解されるので，特性根は -3, $\pm j\sqrt{2}$, $\pm j\sqrt{2}$ と求められ，虚軸上に重根をもつシステムであることがわかる． ◀

【演習 3.8】（ある行の第 1 列の要素がゼロとなる）

特性方程式が
$$s^4+2s^3+4s^2+8s+3=0 \tag{3.2.15}$$
であるとき，このシステムの安定判別を行え．

解 特性方程式の係数のすべてが正であるので，安定であるための必要条件は成り立っている．ラウス表をつくろう．

$$\begin{array}{cccc} s^4\text{行} & 1 & 4 & 3 \\ s^3\text{行} & 2 & 8 & 0 \\ s^2\text{行} & 0 & 3 & \end{array}$$

s^2 行において第 1 列の要素がゼロとなり，その他の要素にゼロでないものがある．つぎの行の計算ができないのは演習 3.7 などと同じであるが，扱い方は違ってくる．このような場合は，ゼロの要素を微小量 $\varepsilon>0$ に置き換えて計算を進める．

$$\begin{array}{ccccc} s^4\text{行} & 1 & 4 & 3 \\ s^3\text{行} & 2 & 8 & 0 \\ s^2\text{行} & \varepsilon & 3 & \\ s^1\text{行} & \dfrac{8\varepsilon-6}{\varepsilon} & 0 & \\ s^0\text{行} & 3 & & \end{array}$$

これでラウス表は完成した．微小量の ε は正であるから，$8\varepsilon-6$ は負である．したがって，ラウス表の第 1 列の要素の符号は上から順に，正，正，正，負，正となっていて，符号の変化は 2 回ある．すなわち，2 個の不安定根をもつシステムであると判定している．

確認のために特性根を計算してみよう.

$$s^4 + 2s^3 + 4s^2 + 8s + 3$$
$$= (s + 0.463)(s + 1.76)(s - 0.112 - j1.92)$$
$$\times (s - 0.112 + j1.92) \tag{3.2.16}$$

なので,確かに判定どおりの特性根を有する不安定なシステムである. ◀

【演習 3.9】（ある行の第 1 列の要素がゼロとなる）

特性方程式が

$$s^4 + 3s^3 + 2s^2 + 6s - 4 = 0 \tag{3.2.17}$$

であるとき,このシステムの安定判別を行え.

解 特性方程式に負の係数が混ざっているので,安定であるための必要条件を満たしていない.したがって,このシステムは不安定である.

この判定は正しいのであろうか.式 (3.2.17) の特性多項式は

$$s^4 + 3s^3 + 2s^2 + 6s - 4$$
$$= (s - 0.506)(s + 3.11)(s + 0.198 - j1.58)$$
$$\times (s + 0.198 + j1.58) \tag{3.2.18}$$

と変形できるから,特性根は $\lambda_1 = 0.56$, $\lambda_2 = -3.11$, $\lambda_{3,4} = -0.198 \pm j1.58$ と求められ,確かに不安定である.

不安定根の数をラウス表からも調べてみることにする.

s^4 行	1	2	-4
s^3 行	3	6	0
s^2 行	0	-4	

s^2 行において第 1 列の要素がゼロとなり,第 2 列の要素がゼロ以外になった.ゼロの要素を微小量 $\varepsilon > 0$ に置き換えて計算を進める.

s^4 行	1	2	-4
s^3 行	3	6	0
s^2 行	ε	-4	
s^1 行	$\dfrac{6\varepsilon + 12}{\varepsilon}$	0	
s^0 行	-4		

微小量の ε は正であるから，$6\varepsilon + 12$ は正である．したがって，ラウス表の第 1 列の要素の符号は上から順に，正，正，正，正，負となっていて，符号の変化は 1 回ある．すなわち，1 個の不安定根をもつシステムであると判定している． ◀

【演習 3.10】（ある行の第 1 列の要素がゼロとなる）

特性方程式が
$$2s^5 + 3s^4 + 4s^3 + 6s^2 + 4s + 3 = 0 \tag{3.2.19}$$
であるとき，このシステムの安定判別を行え．

解　特性方程式の係数のすべてが正であるので，安定であるための必要条件は成り立っている．ラウス表をつくろう．

s^5 行	2	4	4
s^4 行	3	6	3
s^3 行	0	2	0

s^3 行の第 1 列の要素がゼロ，第 2 列の要素が 2 となった．このような場合はゼロを $\varepsilon > 0$ に置き換えてから，その後の計算を続行する．

s^5 行	2	4	4
s^4 行	3	6	3
s^3 行	ε	2	0
s^2 行	$\dfrac{6\varepsilon - 6}{\varepsilon}$	3	
s^1 行	$\dfrac{4(\varepsilon - 1) - \varepsilon^2}{2\varepsilon - 2}$	0	
s^0 行	3		

ε は正の微小な値であるから，$6\varepsilon - 6$ は負である．したがって，s^2 行の第 1 列の要素は負となる．また，s^1 行の第 1 列の要素の分母分子ともに負なので，この要素は正である．ラウス表の第 1 列の符号は上から順に，正，正，正，負，正，正となって，不安定根は 2 個あると判定された．

この判定は正しいのであろうか．式 (3.2.19) の特性多項式は

$$\begin{aligned}
&2s^5 + 3s^4 + 4s^3 + 6s^2 + 4s + 3 \\
&= (s + 1.33)(s - 0.299 - j1.17)(s - 0.299 + j1.17) \\
&\quad \times (s + 0.386 - j0.794)(s + 0.386 + j0.794)
\end{aligned} \tag{3.2.20}$$

と変形できるから，特性根は $\lambda_1 = -1.33$，$\lambda_{2,3} = 0.299 \pm j1.17$，$\lambda_{4,5} = -0.386 \pm j0.794$

と求められ，確かに2個の不安定根を有するシステムである. ◀

3.3　パラメータ変換による特性指定

前節において体得したように，安定限界も安定であると判別されるときがある．それならば，虚軸からある程度離れていることを保証する判別法がほしい．本節では，$\mathrm{Re}\,\lambda \leq -\eta$, $\eta > 0$ にすべての特性根が存在するための条件を求める．

特性方程式

$$a_n s^n + a_{n-1} s^{n-1} + \cdots + a_1 s + a_0 = 0 \tag{3.3.1}$$

は，s に関する方程式である．これを

$$s = w - \eta \tag{3.3.2}$$

を使って変数変換すると，複素平面の虚軸を $-\eta$ だけ平行移動することができる．変換後の方程式について，ラウス・フルビッツの安定判別法を適用する．その結果，安定と判別されたなら，このシステムは $e^{-\eta t}$ より速く減衰する特性であることを保証されたことになる．

【演習 3.11】（減衰特性を指定する）

特性方程式

$$s^3 + as^2 + 12s + 8 = 0 \tag{3.3.3}$$

のすべての特性根を，$\mathrm{Re}\,\lambda \leq -1$ とする，a の値を求めよ．

解　題意から変数変換は

$$s = w - 1 \tag{3.3.4}$$

である．これを式 (3.3.3) に代入する．

$$(w-1)^3 + a(w-1)^2 + 12(w-1) + 8 = 0 \tag{3.3.5}$$

展開整理して

$$w^3 + (a-3)w^2 + (15-2a)w + a - 5 = 0 \tag{3.3.6}$$

を得る．この特性方程式にラウス・フルビッツの安定判別法を適用すると，ラウス表はつぎのようになる．

w^3 行	1	$15-2a$
w^2 行	$a-3$	$a-5$
w^1 行	$\dfrac{-2a^2+20a-40}{a-3}$	
w^0 行	$a-5$	

ラウス表の第 1 列の符号が，すべて正であることが必要十分条件である．したがって，つぎの三つの不等式を同時に満足するパラメータ a の範囲を求めればよいことになる．

$$a-3>0 \tag{3.3.7}$$

$$-2a^2+20a-40>0 \tag{3.3.8}$$

$$a-5>0 \tag{3.3.9}$$

不等式 (3.3.8) から

$$2.76<a<7.24 \tag{3.3.10}$$

が得られる．図 3.1 を用いて，a が満たすべき範囲は

$$5<a<7.24 \tag{3.3.11}$$

となる．

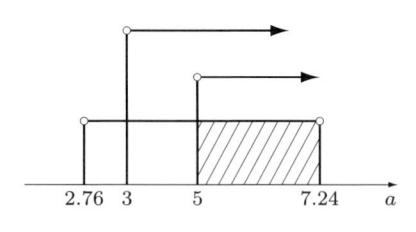

図 3.1 パラメータ a の範囲

たとえば，$a=7$ のときの特性根は，-4.875，$-1.062\pm j0.716$ となり，確かにすべての特性根が $\mathrm{Re}\,\lambda\leq -1$ を満たしている． ◀

【演習 3.12】（減衰特性を指定する）

特性方程式

$$s^3+8s^2+as+b=0 \tag{3.3.12}$$

のすべての特性根を，$\mathrm{Re}\,\lambda\leq -2$ とする，a の値を求めよ．

解 題意から変数変換は

$$s = w - 2 \tag{3.3.13}$$

である.これを式 (3.3.12) に代入する.

$$(w-2)^3 + 8(w-2)^2 + a(w-2) + b = 0 \tag{3.3.14}$$

展開整理して

$$w^3 + 2w^2 + (a-20)w + 24 - 2a + b = 0 \tag{3.3.15}$$

を得る.これからラウス表を作成すると,つぎのようになる.

w^3 行	1	$a - 20$
w^2 行	2	$24 - 2a + b$
w^1 行	$\dfrac{4a - 64 - b}{2}$	
w^0 行	$24 - 2a + b$	

必要十分条件は

$$4a - 64 - b > 0 \tag{3.3.16}$$

$$24 - 2a + b > 0 \tag{3.3.17}$$

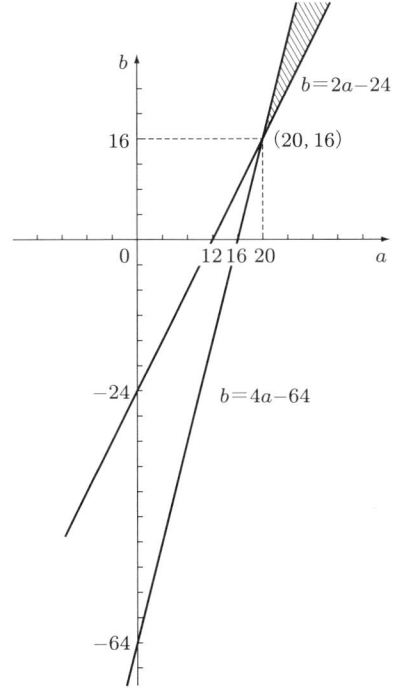

図 **3.2** a と b が満たすべき条件

となるから，これを図で表すと図 3.2 となる．

たとえば，$a = 22$, $b = 23$ は，この範囲内に存在する．このときの特性根は，$\lambda_1 = -3.81$, $\lambda_{2,3} = -2.09 \pm j1.28$ となり，確かにすべての特性根が $\text{Re}\,\lambda \leq -2$ を満たしている． ◀

【演習 3.13】（減衰特性を指定する）

特性方程式
$$s^4 + 7s^3 + as^2 + 22s + 12 = 0 \tag{3.3.18}$$
のすべての特性根を，$\text{Re}\,\lambda \leq -1$ とする．a の値を求めよ．

解 題意から変数変換は
$$s = w - 1 \tag{3.3.19}$$
である．これを式 (3.3.18) に代入する．
$$(w-1)^4 + 7(w-1)^3 + a(w-1)^2 + 22(w-1) + 12 = 0 \tag{3.3.20}$$
展開整理して
$$w^4 + 3w^3 + (a-15)w^2 + (39-2a)w + a - 16 = 0 \tag{3.3.21}$$
を得る．これからラウス表を作成すると，つぎのようになる．

w^4 行	1	$a - 15$	$a - 16$
w^3 行	3	$39 - 2a$	0
w^2 行	$\dfrac{5a - 84}{3}$	$a - 16$	
w^1 行	$\dfrac{-10a^2 + 354a - 3132}{5a - 84}$	0	
w^0 行	$a - 16$		

必要十分条件は，つぎのようにまとめることができる．

$$5a - 84 > 0 \tag{3.3.22}$$
$$5a^2 - 177a + 1566 < 0 \tag{3.3.23}$$
$$a - 16 > 0 \tag{3.3.24}$$

これらの不等式の解は，順に

$$a > 16.8 \tag{3.3.25}$$
$$17.4 < a < 18 \tag{3.3.26}$$

$$a > 16 \tag{3.3.27}$$

となり，図 3.3 を用いて

$$17.4 < a < 18 \tag{3.3.28}$$

を得る．

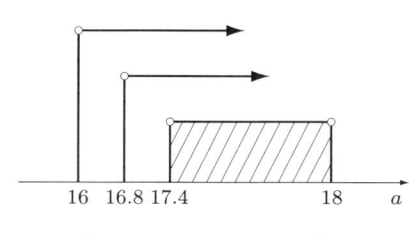

図 **3.3** パラメータ a の範囲

たとえば，$a = 17.7$ のときの特性根を計算すると，$\lambda_1 = -3.37$，$\lambda_2 = -1.60$，$\lambda_{3,4} = -1.01 \pm j1.09$ となり，確かにすべての特性根が $\mathrm{Re}\,\lambda \leq -1$ を満たしている． ◀

3.4 制御系設計への応用

前節からわかるように，ラウス・フルビッツの安定判別法は，システムが安定かどうかを調べるだけでなく，可変パラメータがある場合には，システムを安定に保つために必要にして十分なパラメータの範囲を求めることができる．

本節では，PID 制御装置の可変ゲインを調節する際にラウス・フルビッツの安定判別法を役立てることを意識して，フィードバック制御系を安定に保つために，必要にして十分な PID 制御装置のゲインの範囲を求めてみよう．

― 【演習 3.14】（制御パラメータ K と制御系の安定性）―――――

図 3.4 に示すフィードバック制御系は，PID 制御系を I 動作だけで実現した場合である．PID 制御系の構造については，第 6 章と第 7 章でくわしく学ぶ．図中の K は，I 動作の制御パラメータであって，パラメータ K の値によってはフィー

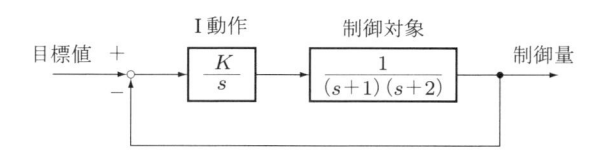

図 **3.4** パラメータ K をもつフィードバック制御系

ドバック制御系が不安定になることがある．では，このフィードバック制御系を安定にするパラメータ K の条件をラウス・フルビッツの安定判別法を用いて求めよ．

解 この制御系の特性方程式は，つぎのようになる．

$$s^3 + 3s^2 + 2s + K = 0 \tag{3.4.1}$$

ラウス表を作成する．

s^3 行	1	2
s^2 行	3	K
s^1 行	$\dfrac{6-K}{3}$	0
s^0 行	K	

ラウス表の第1行のすべての要素が正となる条件は，

$$6 - K > 0 \tag{3.4.2}$$

$$K > 0 \tag{3.4.3}$$

が成り立つことである．したがって，制御系を安定にする K の値の範囲は

$$0 < K < 6 \tag{3.4.4}$$

となる．

以下においては，K をいろいろな値にとって考察してみよう．まず，$K = 3$ の場合，特性根は，$\lambda_1 = -2.67$，$\lambda_{2,3} = -0.164 \pm j1.05$ となって，すべて安定根である．

つぎに，$K = 0$ の場合，特性方程式は，

$$s(s+1)(s+2) = 0 \tag{3.4.5}$$

となるので，特性根は，$\lambda_1 = 0$，$\lambda_2 = -1$，$\lambda_3 = -2$ であることがわかる．すなわち，原点に特性根をもつ安定限界の制御系である．

最後に，$K = 6$ の場合を考察する．制御系を安定限界にする特性根は，s^2 行の要素を用いて構成する補助方程式で求めることができる．

$$3s^2 + 6 = 0 \tag{3.4.6}$$

これを解いて，$\lambda_{1,2} = \pm j\sqrt{2}$ を得る． ◀

【演習 3.15】（制御パラメータ K と制御系の安定性）

図 3.5 のフィードバック制御系を安定にする K の条件を求めよ．

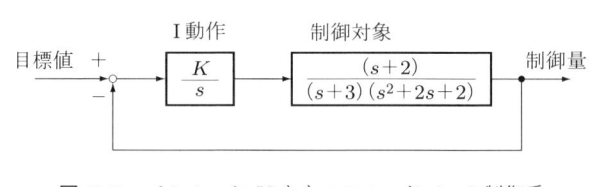

```
                  I動作        制御対象
目標値 +─○─→  [ K/s ]  →  [ (s+2)/((s+3)(s²+2s+2)) ]  →  制御量
       -↑_____|
```

図 3.5 パラメータ K をもつフィードバック制御系

解 この制御系の特性方程式は，つぎのようになる．

$$s^4 + 5s^3 + 8s^2 + (6+K)s + 2K = 0 \tag{3.4.7}$$

ラウス表を作成しよう．

s^4 行	1	8	$2K$
s^3 行	5	$6+K$	0
s^2 行	$\dfrac{34-K}{5}$	$2K$	
s^1 行	$\dfrac{204-22K-K^2}{34-K}$	0	
s^0 行	$2K$		

つぎの三つの不等式を同時に満たさなくてはならない．

$$34 - K > 0 \tag{3.4.8}$$

$$K^2 + 22K - 204 < 0 \tag{3.4.9}$$

$$2K > 0 \tag{3.4.10}$$

これらの不等式の解は順に

$$K < 34 \tag{3.4.11}$$

$$-29.03 < K < 7.03 \tag{3.4.12}$$

$$K > 0 \tag{3.4.13}$$

であって，図 3.6 を用いて以下の結果を得る．

$$0 < K < 7.03 \tag{3.4.14}$$

$K = 7.03$ について調べることにする．補助方程式は

$$5.39s^2 + 14.06 = 0 \tag{3.4.15}$$

となる．この方程式の解は $\lambda_{1,2} = \pm j1.62$ であって，これが制御系を安定限界にする特性根である．

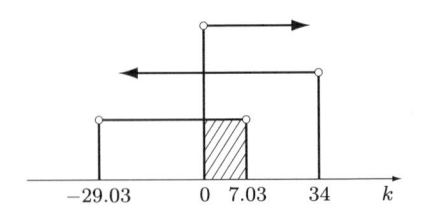

図 3.6　パラメータ K の範囲

【演習 3.16】（制御パラメータ c_0, c_1 と制御系の安定性）

図 3.7 に示すフィードバック制御系は，PID 制御系を PI 動作で実現した場合である．図中の c_0 は，I 動作の制御パラメータであって，演習 3.14，演習 3.15 におけるパラメータ K と同じ働きである．また，図中の c_1 は，P 動作の制御パラメータである．制御パラメータ c_0, c_1 のそれぞれの働きについては第 6 章で学ぶ．パラメータ c_0, c_1 の値によっては，図 3.7 に示すフィードバック制御系が不安定になることがある．では，このフィードバック制御系を安定にするパラメータ c_0, c_1 の条件をラウス・フルビッツの安定判別法を用いて求めよ．

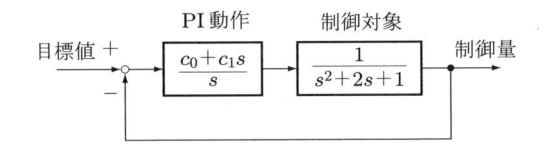

図 3.7　パラメータ c_0 と c_1 をもつフィードバック制御系

解　この制御系の特性方程式は，つぎのようになる．

$$s^3 + 2s^2 + (1+c_1)s + c_0 = 0 \tag{3.4.16}$$

ラウス表は，つぎのようになる．

s^3 行	1	$1+c_1$
s^2 行	2	c_0
s^1 行	$\dfrac{2(1+c_1)-c_0}{2}$	0
s^0 行	c_0	

ラウス表の第 1 列のすべての要素の符号を正にするには，つぎの条件を満たさなくてはならない．

$$2 + 2c_1 - c_0 > 0 \tag{3.4.17}$$

$$c_0 > 0 \tag{3.4.18}$$

式 (3.4.17) は，つぎのように書くことができる．

$$c_0 < 2c_1 + 2 \tag{3.4.19}$$

式 (3.4.18) と式 (3.4.19) が示す範囲を図に表すと，図 3.8 となる．

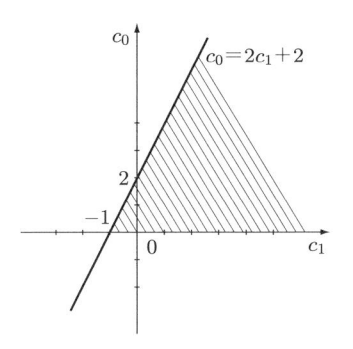

図 3.8 c_0 と c_1 が満たすべき条件

たとえば，$c_0 = 1$，$c_1 = 1$ は，図 3.8 の範囲内の値である．このときの特性方程式は

$$s^3 + 2s^2 + 2s + 1 = 0 \tag{3.4.20}$$

であって，特性根は $\lambda_1 = -1$，$\lambda_{2,3} = \dfrac{-1 \pm j\sqrt{3}}{2}$ となり，制御系は安定であることがわかる．

また，$c_0 = 5$，$c_1 = 1$ は図 3.8 の範囲外の値である．このときの特性方程式は

$$s^3 + 2s^2 + 2s + 5 = 0 \tag{3.4.21}$$

であって，特性根は $\lambda_1 = -2.15$，$\lambda_{2,3} = 0.0755 \pm j1.52$ と求められ，制御系は不安定となる．　◀

【演習 3.17】（制御パラメータ c_0，c_1 と制御系の安定性）

図 3.9 のフィードバック制御系を安定にする c_0，c_1 の条件を求めよ．

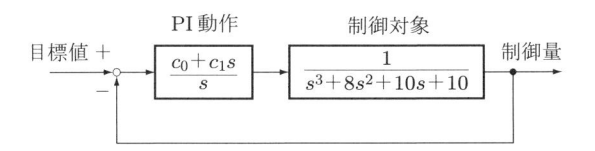

図 3.9 パラメータ c_0 と c_1 をもつフィードバック制御系

解 この制御系の特性方程式は，つぎのようになる．

$$s^4 + 8s^3 + 10s^2 + (10 + c_1)s + c_0 = 0 \tag{3.4.22}$$

ラウス表を作成する.

s^4 行	1	10	c_0
s^3 行	8	$10 + c_1$	0
s^2 行	$\dfrac{70 - c_1}{8}$	c_0	
s^1 行	$\dfrac{700 - 64c_0 + 60c_1 - c_1{}^2}{70 - c_1}$	0	
s^0 行	c_0		

ラウス表の第1列のすべての要素の符号を正にすればよいから，c_0, c_1 が満たすべき不等式は，つぎのようになる.

$$70 - c_1 > 0 \tag{3.4.23}$$

$$700 - 64c_0 + 60c_1 - c_1{}^2 > 0 \tag{3.4.24}$$

$$c_0 > 0 \tag{3.4.25}$$

式 (3.4.23) と式 (3.4.24) は，つぎのように書くことができる.

$$c_1 < 70 \tag{3.4.26}$$

$$c_0 < -\frac{1}{64}(c_1 - 30)^2 + 25 \tag{3.4.27}$$

式 (3.4.25), (3.4.26) と式 (3.4.27) を図で表すと図 3.10 を得る．斜線部は制御系を安定にするための必要十分条件である.

たとえば，$c_0 = 23$, $c_1 = 30$ は，図 3.10 の範囲内の値である．このときの特性方程式は

$$s^4 + 8s^3 + 10s^2 + 40s + 23 = 0 \tag{3.4.28}$$

であって，特性根は $\lambda_1 = -0.628$, $\lambda_2 = -7.32$, $\lambda_{3,4} = -0.0251 \pm j2.24$ となり，制御系は安定であることがわかる.

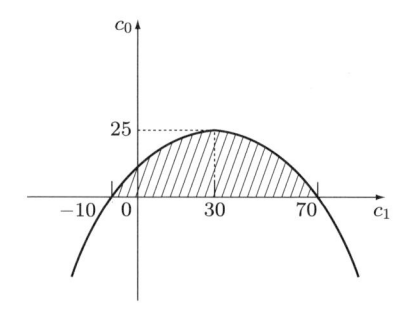

図 3.10 c_0 と c_1 が満たすべき条件

また，$c_0 = 26$，$c_1 = 25$ は，図 3.10 の範囲外の値である．このときの特性方程式は

$$s^4 + 8s^3 + 10s^2 + 35s + 26 = 0 \tag{3.4.29}$$

であって，特性根は $\lambda_1 = -0.822$，$\lambda_2 = -7.22$，$\lambda_{3,4} = 0.0196 \pm j2.09$ と求められ，制御系は不安定となる．

さらに，$c_0 = 25$，$c_1 = 30$ は図 3.10 の境界上の値である．補助方程式は

$$5s^2 + 25 = 0 \tag{3.4.30}$$

となる．この方程式の解は $\pm j\sqrt{5}$ であって，これが制御系を安定限界にする特性根である．最後に，特性方程式

$$s^4 + 8s^3 + 10s^2 + 40s + 25 = 0 \tag{3.4.31}$$

が，補助方程式 (3.4.30) で割り切れることを確認しておこう．

$$
\begin{array}{r}
s^2 + 8s + 5 \\
s^2 + 5 \overline{\smash{)}\, s^4 + 8s^3 + 10s^2 + 40s + 25} = 0 \\
\underline{s^4 + 5s^2 } \\
8s^3 + 5s^2 + 40s \\
\underline{8s^3 + 40s } \\
5s^2 + 25 \\
\underline{5s^2 + 25} \\
0
\end{array}
$$

したがって，特性方程式は

$$\begin{aligned}
&s^4 + 8s^3 + 10s^2 + 40s + 25 \\
&= (s + 4 - \sqrt{11})(s + 4 + \sqrt{11})(s - j\sqrt{5})(s + j\sqrt{5})
\end{aligned} \tag{3.4.32}$$

と変形できるから，2 個の安定根と 2 個の純虚数根をもつことがわかる． ◀

■章末問題

問題 3.1（不安定なシステム） 特性方程式が

$$2s^4 + 3s^3 + 5s^2 + 6s + 4 = 0 \tag{3.5.1}$$

であるとき，このシステムの安定判別を行え．

問題 3.2（ある行のすべての要素がゼロとなる） 特性方程式が

$$s^4 + 6s^3 + 11s^2 + 12s + 18 = 0 \tag{3.5.2}$$

であるとき，このシステムの安定判別を行え．

問題 3.3（ある行の第 1 列の要素がゼロとなる） 特性方程式が

$$2s^4 + 8s^3 + 3s^2 + 12s + 5 = 0 \tag{3.5.3}$$

であるとき，このシステムの安定判別を行え．

問題 3.4（制御パラメータ K と制御系の安定性） 図 3.11 のフィードバック制御系を安定にする K の条件を求めよ．

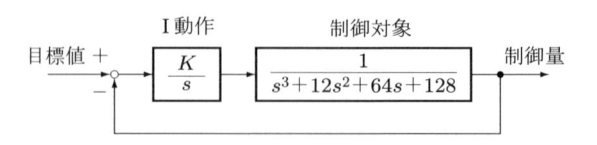

図 3.11 パラメータ K をもつフィードバック制御系

4 ナイキストの安定判別法

　これまでに，設計後のフィードバック制御系が安定かどうかを調べる方法を学んだ．まず第2章では，複素平面上の極の位置と時間応答を調べ，左半平面に極が存在すれば安定であることに加え，収束の速さや振動の激しさとの関係までも詳細に吟味した．あわせて，ボード線図との関係も考察した．

　つぎに第3章では，極を直接求めるのではなく，特性方程式の係数から四則演算だけでフィードバック制御系が安定か否かを判別する方法を学んだ．その後，パラメータ変換による特性指定を紹介した．さらには，制御系を安定に保つための必要十分なゲインの範囲をあらかじめ計算できることを紹介した．

　本章で紹介するナイキストの安定判別法は，一巡周波数応答のベクトル軌跡を描いてフィードバック制御系の安定性を判別する図的手法である．安定判別に使えるだけでなく，制御系がどの程度安定かという度合いを数量的に評価するための定義に使われる．

4.1　ナイキストの安定判別法とは

　一巡周波数応答のベクトル軌跡が，点 $-1+j0$ を左に見て負の実軸を横切るとき制御系は安定，右に見て負の実軸を横切るとき制御系は不安定と判別される．これをナイキストの安定判別法という．本節では，ナイキストの安定判別法を数値例を通して確認する．

――【演習 4.1】（制御定数 K と制御系の安定性）――

　図 4.1 に示すフィードバック制御系は，PID 制御系を I 動作だけで実現した場合である．PID 制御系の構造については，第6章と第7章でくわしく学ぶ．図中の K は，I 動作の制御パラメータであって，パラメータの値によってはフィードバック制御系が不安定になることがある．図 4.1 の制御系を安定にする K の条件を求めよ．

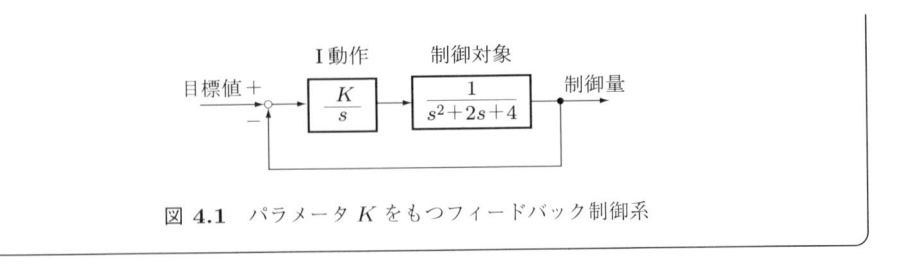

```
┌─────────────────────────────────────────────────┐
│                 I動作        制御対象            │
│  目標値 +  ─→ ┌───┐    ┌─────────┐              │
│          ─   │ K │    │    1    │  制御量       │
│          ↑   │ ─ │ ─→ │─────────│ ─────→        │
│              │ s │    │s²+2s+4  │               │
│              └───┘    └─────────┘               │
│          └──────────────────────────┘           │
│                                                 │
│       図 4.1  パラメータ $K$ をもつフィードバック制御系 │
└─────────────────────────────────────────────────┘
```

解 フィードバック制御系の前向き伝達関数を $G(s)$,後ろ向き伝達関数(フィードバック伝達関数ともいう)を $H(s)$ で表そう.図 4.1 においては,I 動作の PID 制御装置と制御対象を直列結合したものが前向き伝達関数 $G(s)$ であって,後ろ向き伝達関数 $H(s)$ は 1 である.この制御系の一巡伝達関数は

$$G(s)H(s) = \frac{K}{s(s^2+2s+4)} \tag{4.1.1}$$

となるから,一巡周波数応答は,つぎのように計算される.

$$G(j\omega)H(j\omega) = \frac{K}{j\omega(-\omega^2+j2\omega+4)} = \frac{-K}{2\omega^2+j(\omega^3-4\omega)}$$
$$= \frac{-2K\omega^2+jK(\omega^3-4\omega)}{(2\omega^2)^2+(\omega^3-4\omega)^2} \tag{4.1.2}$$

負の実軸を横切るのは,式 (4.1.2) の虚部がゼロとなるときである.

$$K(\omega^3-4\omega) = 0 \tag{4.1.3}$$

この方程式を,$K>0$,$\omega>0$ の条件のもとで解いて

$$\omega_0 = 2 \tag{4.1.4}$$

を得る.この ω_0 が,一巡周波数応答のベクトル軌跡が負の実軸を横切るときの角周波数である.$\omega_0 = 2$ を式 (4.1.2) に代入する.

$$G(j\omega_0)H(j\omega_0) = \frac{-2K \times 2^2}{(2 \times 2^2)^2} = -\frac{K}{8} \tag{4.1.5}$$

式 (4.1.5) より,ベクトル軌跡と負の実軸との交点は,$-\dfrac{K}{8}+j0$ であることがわかる.

安定と不安定の分岐点は $-1+j0$ であるから,$K=8$ のときに一巡周波数応答のベクトル軌跡は分岐点の真上を通過する.また,$0<K<8$ のときは,一巡周波数応答のベクトル軌跡は点 $-1+j0$ を左に見て負の実軸を横切り,$K>8$ のときは点 $-1+j0$ を右に見て負の実軸を横切ることがわかる.

K の値を 6,8,10 の 3 通りに変えて,一巡周波数応答のベクトル軌跡を描いたのが図 4.2 である.

$K=6$ のとき特性方程式は

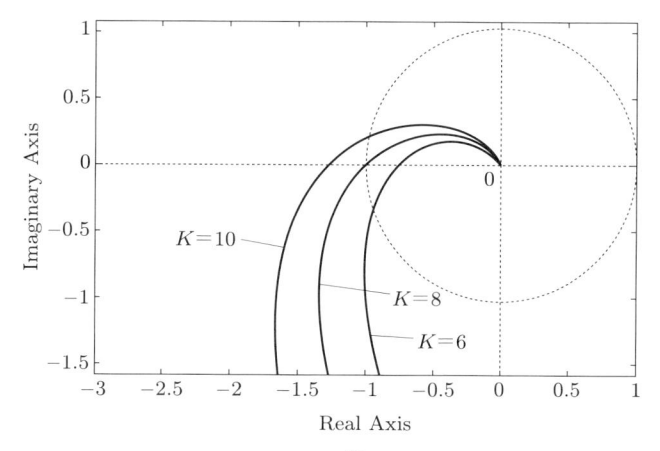

図 4.2　$G(s)H(s) = \dfrac{K}{s(s^2+2s+4)}$ のナイキスト線図

$$s^3 + 2s^2 + 4s + 6 = 0 \tag{4.1.6}$$

となって，特性根は $\lambda_1 = -1.71$, $\lambda_{2,3} = -0.144 \pm j1.87$ である．すべての特性根が安定なので，ナイキストの安定判別法は正しく判定したといえる．

$K = 8$ のとき特性方程式は

$$\begin{aligned}s^3 + 2s^2 + 4s + 8 &= (s+2)(s^2+4) \\ &= (s+2)(s-j2)(s+j2)\end{aligned} \tag{4.1.7}$$

となるので，1個の安定根と2個の純虚数根をもつことがわかる．この純虚数根 $\pm j2$ が制御系を安定限界にしており，ナイキストの安定判別法は正しく判定したといえる．

$K = 10$ のとき特性方程式は

$$s^3 + 2s^2 + 4s + 10 = 0 \tag{4.1.8}$$

である．この特性根は $\lambda_1 = -2.22$, $\lambda_{2,3} = 0.112 \pm j2.12$ と得られ，制御系は不安定となる．この場合においてもナイキストの安定判別法は正しく判定したといえる．　◀

【演習 4.2】（制御定数 K と制御系の安定性）

図 4.3 の制御系を安定にする K の条件を，ナイキストの安定判別法によって求めよ．

図 4.3　パラメータ K をもつフィードバック制御系

解 この制御系の一巡伝達関数は

$$G(s)H(s) = \frac{K}{s(s^3 + 12s^2 + 64s + 128)} \tag{4.1.9}$$

であるから，一巡周波数応答は，つぎのように計算される．

$$\begin{aligned}G(j\omega)H(j\omega) &= \frac{K}{j\omega\{(j\omega)^3 + 12(j\omega)^2 + j64\omega + 128\}} \\ &= \frac{K}{\omega^4 - j12\omega^3 - 64\omega^2 + j128\omega} \\ &= \frac{K(\omega^4 - 64\omega^2) + jK(12\omega^3 - 128\omega)}{(\omega^4 - 64\omega^2)^2 + (12\omega^3 - 128\omega)^2}\end{aligned} \tag{4.1.10}$$

負の実軸を横切るのは，式 (4.1.10) の虚部がゼロとなるときである．

$$K(12\omega^3 - 128\omega) = 0 \tag{4.1.11}$$

この方程式を，$K > 0$，$\omega > 0$ のもとで解いて

$$\omega_0 = \sqrt{\frac{128}{12}} = 3.266 \tag{4.1.12}$$

を得る．この ω_0 が，一巡周波数応答のベクトル軌跡が負の実軸を横切るときの角周波数である．$\omega_0 = 3.266$ を式 (4.1.10) に代入する．

$$G(j\omega_0)H(j\omega_0) = \frac{K}{3.266^4 - 64 \times 3.266^2} = -\frac{K}{569} \tag{4.1.13}$$

式 (4.1.13) より，ベクトル軌跡と負の実軸との交点は，$-\dfrac{K}{569} + j0$ であることがわかる．

$K = 569$ のときに一巡周波数応答のベクトル軌跡は，安定・不安定の分岐点である $-1 + j0$ の真上を通過する．また，$0 < K < 569$ のときは，一巡周波数応答のベクトル軌跡は点 $-1 + j0$ を左に見て負の実軸を横切り，$K > 569$ のときは点 $-1 + j0$ を右に見て負の実軸を横切ることがわかる．

まずは，$K = 569$ について考察しよう．特性方程式は

$$s^4 + 12s^3 + 64s^2 + 128s + 569 = 0 \tag{4.1.14}$$

であって，つぎのように因数分解することができる．

$$(s^2 + 12s + 53.55)(s^2 + 10.67) = 0 \tag{4.1.15}$$

式 (4.1.15) を解いて，特性根は 2 個の安定根 $-6 \pm j4.16$ と 2 個の純虚数根 $\pm j3.27$ を得る．この純虚数根が制御系を安定限界にしており，ナイキストの安定判別法は正しく判定したといえる．

$K = 400$ のとき，特性方程式は

$$s^4 + 12s^3 + 64s^2 + 128s + 400 = 0 \tag{4.1.16}$$

となって，特性根は $\lambda_{1,2} = -5.65 \pm j3.98$, $\lambda_{3,4} = -0.349 \pm j2.87$ である．すべての特性根が安定なので，ナイキストの安定判別法は正しく判定したといえる．

$K = 750$ のとき，特性方程式は

$$s^4 + 12s^3 + 64s^2 + 128s + 750 = 0 \tag{4.1.17}$$

である．この特性根は $\lambda_{1,2} = -6.29 \pm j4.34$, $\lambda_{3,4} = 0.287 \pm j3.57$ と得られ，制御系は不安定となる．この場合においてもナイキストの安定判別法は正しく判定したといえる．

K の値を 400, 569, 750 の 3 通りに変えて，一巡周波数応答のベクトル軌跡を描いたのが図 4.4 である．

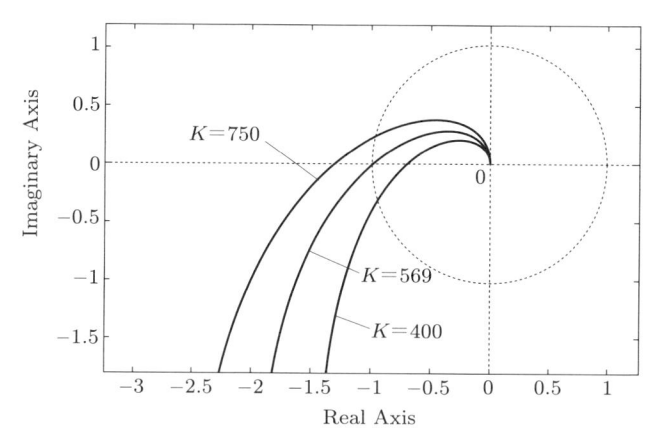

図 4.4 $\quad G(s)H(s) = \dfrac{K}{s(s^3 + 12s^2 + 64s + 128)}$ のナイキスト線図

4.2 安定度

ナイキストの安定判別法では，点 $-1 + j0$ が安定と不安定の分岐点であったことから，制御対象のパラメータが多少変化してもフィードバック制御系の安定性を確保するためには，一巡周波数応答のベクトル軌跡を，点 $-1 + j0$ からある程度離しておけばよいことに気づく．しかしながら，点 $-1 + j0$ から一巡周波数応答のベクトル軌跡に垂線を下ろしてその長さを調べるのはたいへんである．そこで，位相余裕とゲイン余裕を用いて定量的に評価する．本節ではベクトル軌跡を用いて，位相余裕とゲイン余裕の定義とそれらの計算方法を学ぶ．周波数応答の図的表現方法がベクトル軌跡でなくてボード線図であっても，まったく同じ議論を展開することができる．

【演習 4.3】（位相余裕）

図 4.5 を用いて位相余裕を定義せよ．

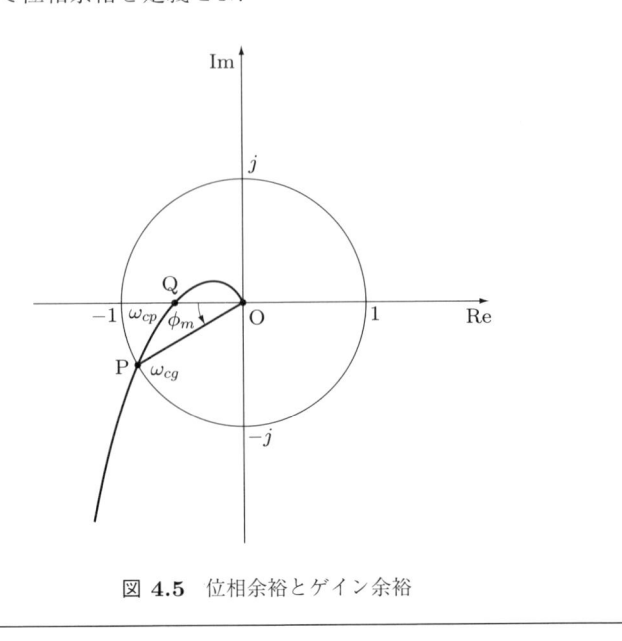

図 4.5 位相余裕とゲイン余裕

解　図 4.5 における点 P は，一巡周波数応答のベクトル軌跡が単位円と交差するときであり，このときの角周波数をゲイン交差角周波数 ω_{cg} という．点 $-1+j0$ のゲインは 1，位相は $-\pi$ なので，一巡周波数応答のゲインが 1 になったときに，位相が $-\pi$ になるまでにあとどれだけ余裕があるかを位相余裕として定義する．

$$\phi_m = \theta(\omega_{cg}) - (-\pi) \text{ [rad]} \tag{4.2.1}$$

ここで，$\theta(\omega_{cg})$ は，一巡周波数応答のゲイン交差角周波数 ω_{cg} における位相角である．位相余裕 ϕ_m が正のとき，制御系は安定，負のときは不安定，ゼロのときは安定限界である．

◀

【演習 4.4】（ゲイン余裕）

図 4.5 を用いてゲイン余裕を定義せよ．

解　図 4.5 における点 Q は，一巡周波数応答のベクトル軌跡が負の実軸と交差するときであり，このときの角周波数を位相交差角周波数 ω_{cp} という．点 $-1+j0$ のゲインは 1，位相は $-\pi$ なので，一巡周波数応答の位相が $-\pi$ になったときに，ゲインが 1 になるまでにあとどれだけ余裕があるかをゲイン余裕として定義する．

$$g_m = 20\log_{10} 1 - 20\log|G(j\omega_{cp})H(j\omega_{cp})| = -g(\omega_{cp})\ [\text{dB}] \tag{4.2.2}$$

ここで，$g(\omega_{cp})$ は，一巡周波数応答の位相交差角周波数 ω_{cp} におけるゲインである．ゲイン余裕 g_m が正のとき，制御系は安定，負のときは不安定，ゼロのときは安定限界である．ゲイン余裕 g_m は，線分 OQ の長さを使って

$$g_m = 20\log_{10}\frac{1}{\text{OQ}}\ [\text{dB}] \tag{4.2.3}$$

と書くこともできる． ◀

【演習 4.5】（位相余裕を手計算で求める）

図 4.3 に示す制御系は，$0 < K < 569$ のときに安定となる．K の値を 400，569，750 の 3 通りに変えて，位相余裕を手計算で求めよ．

解 一巡周波数応答は

$$\begin{aligned}G(j\omega)H(j\omega) &= \frac{K}{j\omega\{(j\omega)^3 + 12(j\omega)^2 + j64\omega + 128\}}\\ &= \frac{K}{(\omega^4 - 64\omega^2) - j(12\omega^3 - 128\omega)}\end{aligned} \tag{4.2.4}$$

である．まず，このゲインが 1 となる角周波数 ω_{cg} を求めよう．それには

$$(\omega^4 - 64\omega^2)^2 + (12\omega^3 - 128\omega)^2 = K^2 \tag{4.2.5}$$

を解けばよい．上式は，$\Omega = \omega^2$ とおくことで，つぎのようになる．

$$\Omega^4 + 16\Omega^3 + 1\,024\Omega^2 + 16\,384\Omega - K^2 = 0 \tag{4.2.6}$$

$K = 400$ について，方程式 (4.2.6) を解いて

$$\Omega = 6.62,\ -21.1,\ -0.740 \pm j33.8 \tag{4.2.7}$$

を得る．ω_{cg} は正の実数であることから，$\omega_{cg} = 2.57$ と求まる．つぎに，一巡周波数応答のゲイン交差角周波数 ω_{cg} における位相角 $\theta(\omega_{cg})$ を計算しよう．

$$G(j\omega)H(j\omega) = \frac{K(\omega^4 - 64\omega^2) + jK(12\omega^3 - 128\omega)}{(\omega^4 - 64\omega^2)^2 + (12\omega^3 - 128\omega)^2} \tag{4.2.8}$$

であるから，

$$\theta(\omega) = \tan^{-1}\frac{12\omega^2 - 128}{\omega^3 - 64\omega} \tag{4.2.9}$$

に，$\omega = \omega_{cg}$ を代入すると，つぎのようになる．

$$\theta(\omega_{cg}) = \tan^{-1}\frac{12\omega_{cg}{}^2 - 128}{\omega_{cg}{}^3 - 64\omega_{cg}} = \tan^{-1}\frac{79.44 - 128}{17.01 - 164.5}$$

$$= \tan^{-1} \frac{-48.56}{-147.5} = -161.8° \tag{4.2.10}$$

式 (4.2.1) から

$$\phi_m = \theta(\omega_{cg}) - (-180°) = 18.2° \tag{4.2.11}$$

が，$K = 400$ のときの位相余裕として求められた．

$K = 569$ のときの方程式 (4.2.6) は

$$\Omega^4 + 16\Omega^3 + 1\,024\Omega^2 + 16\,384\Omega - 569^2 = 0 \tag{4.2.12}$$

となり，その解は

$$\Omega = 10.67,\ -24.3,\ -1.20 \pm j35.3 \tag{4.2.13}$$

である．これより，$\omega_{cg} = 3.27$ と求まる．つぎに位相角 $\theta(\omega_{cg})$ を計算しよう．

式 (4.2.9) に $\omega = \omega_{cg} = 3.27$ を代入して，

$$\theta(\omega_{cg}) = \tan^{-1} \frac{12\omega_{cg}{}^2 - 128}{\omega_{cg}{}^3 - 64\omega_{cg}} = \tan^{-1} \frac{0}{-174.4} = -180° \tag{4.2.14}$$

となるから，式 (4.2.1) に代入することで $K = 569$ のときの位相余裕は，つぎのようになる．

$$\phi_m = \theta(\omega_{cg}) - (-180°) = 0° \tag{4.2.15}$$

最後に，$K = 750$ についても計算する．このときの方程式 (4.2.6) は

$$\Omega^4 + 16\Omega^3 + 1\,024\Omega^2 + 16\,384\Omega - 750^2 = 0 \tag{4.2.16}$$

となり，その解は

$$\Omega = 14.7,\ -27.5,\ -1.62 \pm j37.2 \tag{4.2.17}$$

である．これより，$\omega_{cg} = 3.83$ と求まる．つぎに位相角 $\theta(\omega_{cg})$ を計算しよう．

式 (4.2.9) に $\omega = \omega_{cg} = 3.83$ を代入して，

$$\theta(\omega_{cg}) = \tan^{-1} \frac{12\omega_{cg}{}^2 - 128}{\omega_{cg}{}^3 - 64\omega_{cg}} = \tan^{-1} \frac{48.4}{-188.8} = -194.4° \tag{4.2.18}$$

となるから，式 (4.2.1) に代入することで，$K = 750$ のときの位相余裕は，つぎのようになる．

$$\phi_m = \theta(\omega_{cg}) - (-180°) = -14.4° \tag{4.2.19}$$

上において求めた位相余裕 ϕ_m は順に，正，ゼロ，負である．このことは，図 4.3 に示す制御系が，制御定数 K の値に応じて，安定，安定限界，不安定になることを意味しており，演習 4.2 の結果と一致する． ◀

---【演習 4.6】(ゲイン余裕を手計算で求める)―

図 4.3 に示す制御系は,$0 < K < 569$ のときに安定となる.K の値を 400,569,750 の 3 通りに変えて,ゲイン余裕を手計算で求めよ.

解 一巡周波数応答は

$$G(j\omega)H(j\omega) = \frac{K(\omega^4 - 64\omega^2) + jK(12\omega^3 - 128\omega)}{(\omega^4 - 64\omega^2)^2 + (12\omega^3 - 128\omega)^2} \tag{4.2.20}$$

と書くことができるから,位相の算出式は

$$\theta(\omega) = \tan^{-1}\frac{12\omega^2 - 128}{\omega^3 - 64\omega} \tag{4.2.21}$$

となる.位相を $-\pi$ とするには,式 (4.2.20) において実部を負,虚部をゼロにすればよい.このことから位相交差角周波数 ω_{cp} は

$$\omega_{cp} = \sqrt{\frac{128}{12}} = \sqrt{10.67} = 3.266 \tag{4.2.22}$$

となる.一巡周波数応答のゲインは,式 (4.2.4) から

$$|G(j\omega)H(j\omega)| = \frac{K}{\sqrt{(\omega^4 - 64\omega^2)^2 + (12\omega^3 - 128\omega)^2}} \tag{4.2.23}$$

となる.したがって,ゲイン余裕は

$$\begin{aligned} g_m &= -20\log_{10}\left(\frac{K}{\sqrt{(\omega_{cp}{}^4 - 64\omega_{cp}{}^2)^2 + (12\omega_{cp}{}^3 - 128\omega_{cp})^2}}\right) \\ &= -20\log_{10}\left(\frac{K}{64 \times 3.266^2 - 3.266^4}\right) = -20\log_{10}\frac{K}{569} \end{aligned} \tag{4.2.24}$$

$K = 400, 569, 750$ について,式 (4.2.24) を計算することで K の各値におけるゲイン余裕を得ることができる.順に,$g_m = 3.06$,$g_m = 0$,$g_m = -2.40$ と求まり,正,ゼロ,負である.このことは,図 4.3 に示す制御系が,制御定数 K の値に応じて,安定,安定限界,不安定になることを意味しており,演習 4.2 の結果と一致する. ◀

■章末問題―

問題 4.1(位相余裕を手計算で求める) 図 4.1 に示す制御系は,$0 < K < 8$ のときに安定となる.K の値を 6,8,10 の 3 通りに変えて,位相余裕を手計算で求めよ.

問題 4.2(ゲイン余裕を手計算で求める) 図 4.1 に示す制御系は $0 < K < 8$ のときに安定となる.K の値を 6,8,10 の 3 通りに変えて,ゲイン余裕を手計算で求めよ.

5 定常特性

　制御系設計の第1の目的は，システムの安定化である．第2章から第4章において，過渡応答と安定性および安定判別法を学んできた．特に，複素平面上の極の位置と時間応答の関係をくわしく調べ，また安定度については，位相余裕とゲイン余裕を用いて定量的に評価する手法を体得した．

　さて，システムの安定が達成できると，第2の目的として挙げられるのが目標値への制御量の追従である．目標値変化あるいは外乱印加によって過渡応答したのち，時間の経過とともに定常状態に達する．定常状態に達したときの偏差を調べることで，フィードバック制御系の定常特性を評価する．

　時間とともに変化する目標値に追従するには，制御系は内部モデル原理に基づく構造を有していなければならない．本章では，まず内部モデル原理を理解し，その後，数値例を通して同原理の使い方を学ぶ．これにより，どのような目標値変化あるいは外乱印加に対応できる制御系構造を PID 制御系は有しているかを理解することができるようになる．

5.1　内部モデル原理

　目標値変化あるいは外乱印加によるフィードバック制御系の定常特性を評価する．時間が十分に経過したのちの状態を定常状態，そのときの目標値と制御量との差を定常偏差という．以下において，目標値がステップ状に変化する場合，目標値がランプ状に変化する場合，操作端に印加する外乱がステップ状に変化する場合それぞれについて，定常偏差を計算しよう．

【演習 5.1】（目標値のステップ状変化）

　図 5.1 に示すフィードバック制御系において，目標値のステップ状変化に対する定常偏差 $e(\infty)$ を求めよ．

前向き伝達関数

$R(s)$ $+$ $E(s)$ → $G(s)$ → $Y(s)$

$H(s)$

フィードバック伝達関数

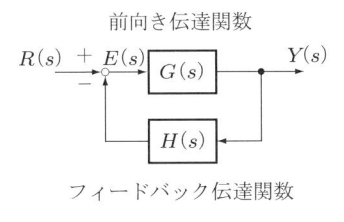

図 5.1 フィードバック制御系

解 目標値 $R(s)$ から制御偏差 $E(s)$ までの伝達特性は

$$E(s) = \frac{1}{1+G(s)H(s)} R(s) \tag{5.1.1}$$

となる．大きさ R のステップ関数のラプラス変換は R/s であるから，最終値の定理から定常偏差 $e(\infty)$ は次式で与えられる．

$$e(\infty) = \lim_{s \to 0} sE(s) = \frac{R}{1 + \lim_{s \to 0} G(s)H(s)} \tag{5.1.2}$$

(1) 一巡伝達関数 $G(s)H(s)$ が原点に極をもたない場合

$$e(\infty) = \frac{R}{1 + \lim_{s \to 0} G(s)H(s)} = \frac{R}{1 + G(0)H(0)} = \frac{R}{1+\kappa} \tag{5.1.3}$$

(2) 一巡伝達関数 $G(s)H(s)$ が原点に極をもつ場合

$$e(\infty) = \frac{R}{1 + \lim_{s \to 0} G(s)H(s)} = \frac{R}{1+\infty} = 0 \tag{5.1.4}$$

◀

【演習 5.2】（目標値のランプ状変化）

図 5.1 に示すフィードバック制御系において，目標値のランプ状変化に対する定常偏差 $e(\infty)$ を求めよ．

解 単位ランプ関数のラプラス変換は $1/s^2$ であるから，$R(s) = R/s^2$ として定常偏差を計算しよう．

$$e(\infty) = \lim_{s \to 0} sE(s) = \lim_{s \to 0} \frac{R}{s + sG(s)H(s)} = \frac{R}{0 + \lim_{s \to 0} sG(s)H(s)} \tag{5.1.5}$$

(1) 一巡伝達関数 $G(s)H(s)$ が原点に極をもたない場合

$$e(\infty) = \frac{R}{\lim_{s \to 0} sG(s)H(s)} = \frac{R}{0} = \infty \tag{5.1.6}$$

(2) 一巡伝達関数 $G(s)H(s)$ が原点に極を一つもつ場合

$$e(\infty) = \frac{R}{\lim_{s \to 0} sG(s)H(s)} = \frac{R}{\kappa} \tag{5.1.7}$$

(3) 一巡伝達関数 $G(s)H(s)$ が原点に極を二つ以上もつ場合

$$e(\infty) = \frac{R}{\lim_{s \to 0} sG(s)H(s)} = \frac{R}{\infty} = 0 \tag{5.1.8}$$

◀

【演習 5.3】(外乱のステップ状変化)

図 5.2 に示すフィードバック制御系において，操作端外乱のステップ状変化が制御量の定常値に及ぼす影響 $y_d(\infty)$ を求めよ．

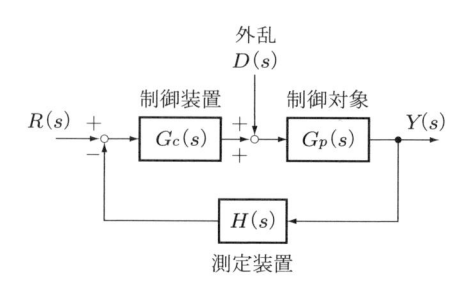

図 5.2 フィードバック制御系

[解] 操作端外乱 $D(s)$ から制御量 $Y(s)$ までの伝達特性は

$$Y(s) = \frac{G_p(s)}{1 + G_p(s)G_c(s)H(s)} D(s) \tag{5.1.9}$$

であるから，大きさ D のステップ状の操作端外乱が，制御量の定常値 $y(\infty)$ に及ぼす影響 $y_d(\infty)$ は

$$y_d(\infty) = \lim_{s \to 0} sY(s) = \lim_{s \to 0} s \frac{G_p(s)}{1 + G_p(s)G_c(s)H(s)} \cdot \frac{D}{s} \tag{5.1.10}$$

で求めることができる．

(1) 一巡伝達関数 $G_p(s)G_c(s)H(s)$ が原点に極をもたない場合

$$y_d(\infty) = \frac{G_p(0)D}{1 + G_p(0)G_c(0)H(0)} \neq 0 \tag{5.1.11}$$

(2) 一巡伝達関数 $G_p(s)G_c(s)H(s)$ が原点に極をもつ場合

(2-1) 積分要素が $G_p(s)$ に含まれ，$G_c(s)$ にないとき

$$y_d(\infty) = \lim_{s \to 0} \frac{D}{\dfrac{1}{G_p(s)} + G_c(s)H(s)} = \frac{D}{\displaystyle\lim_{s \to 0} \frac{1}{G_p(s)} + \lim_{s \to 0} G_c(s)H(s)}$$

$$= \frac{D}{\dfrac{1}{\infty} + G_c(0)H(0)} = \frac{D}{G_c(0)H(0)} \neq 0 \tag{5.1.12}$$

(2-2) 積分要素が $G_c(s)$ に含まれるとき

$$y_d(\infty) = \frac{D}{\displaystyle\lim_{s \to 0} \frac{1}{G_p(s)} + \lim_{s \to 0} G_c(s)H(s)} = \frac{D}{\dfrac{1}{G_p(0)} + \infty} = 0 \tag{5.1.13}$$

◀

単位ステップ関数のラプラス変換は $1/s$ で，積分器も同じく $1/s$ である．また，単位ランプ関数のラプラス変換は $1/s^2$ で，積分器二つも同じく $1/s^2$ である．さらには，パラボラ状においても，それぞれ $1/s^3$ と $1/s^3$ である．すなわち，外部入力信号の特性と同じ特性をもつモデルを制御装置に用意しておくと，外部入力信号が印加されたときに定常偏差をゼロにすることができる．いつどんな大きさで外部入力信号が変化するかの先見情報は必要ない．これを内部モデル原理という．このことは，まったく知らない街でも，手元にその街の地図があれば迷わずにすむのに似ている．

5.2　定常偏差の計算

本節では，具体的に定常偏差を計算で求めてみることとする．前節で学んだ内部モデル原理が，制御系の構造決定において，いかに重要な原理であるかを体得することができる．

【演習 5.4】（目標値のステップ状変化）

図 5.1 に示すフィードバック制御系の一巡伝達関数 $G(s)H(s)$ が

$$G(s)H(s) = \frac{10(s+4)}{s^3 + 5s^2 + 12s + 8} \tag{5.2.1}$$

で与えられている．目標値が大きさ 5 でステップ状に変化したときの定常偏差 $e(\infty)$ を計算せよ．

解　この場合の定常偏差は次式で求められる．

$$e(\infty) = \frac{R}{1 + \displaystyle\lim_{s \to 0} G(s)H(s)} \tag{5.2.2}$$

ここで，$R = 5$ および

$$\lim_{s \to 0} G(s)H(s) = \lim_{s \to 0} \frac{10(s+4)}{s^3 + 5s^2 + 12s + 8} = \frac{40}{8} = 5 \qquad (5.2.3)$$

であるから

$$e(\infty) = \frac{5}{1+5} = 0.833 \qquad (5.2.4)$$

となる．図 5.3 に時間応答を示す．

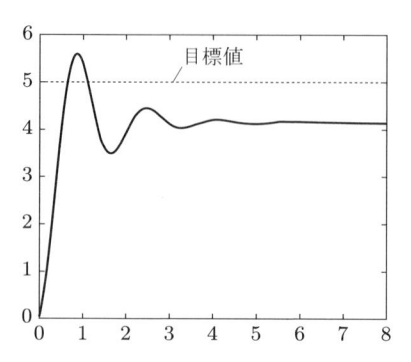

図 **5.3** $G(s)H(s) = \dfrac{10(s+4)}{s^3 + 5s^2 + 12s + 8}$ のステップ応答

【演習 5.5】（目標値のランプ状変化）

演習 5.4 と同じ一巡伝達関数において，目標値が傾き 2 でランプ状に変化したときの定常偏差 $e(\infty)$ を計算せよ．

解 この場合の定常偏差は次式で求められる．

$$e(\infty) = \frac{R}{\displaystyle\lim_{s \to 0} sG(s)H(s)} \qquad (5.2.5)$$

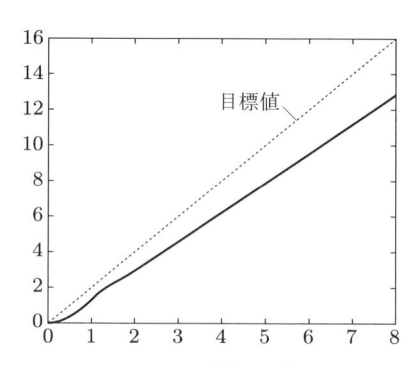

図 **5.4** $G(s)H(s) = \dfrac{10(s+4)}{s^3 + 5s^2 + 12s + 8}$ のランプ応答

ここで，$R = 2$ である．また
$$\lim_{s \to 0} sG(s)H(s) = \frac{10s(s+4)}{s^3 + 5s^2 + 12s + 8} = \frac{0}{8} = 0 \tag{5.2.6}$$
となるから，定常偏差はつぎのようになる．
$$e(\infty) = \infty \tag{5.2.7}$$
図 5.4 に時間応答を示す． ◀

【演習 5.6】（目標値のステップ状変化）

図 5.1 に示すフィードバック制御系の一巡伝達関数 $G(s)H(s)$ が
$$G(s)H(s) = \frac{3(s+2)}{s(s+3)(s^2+2s+2)} \tag{5.2.8}$$
で与えられている．目標値が大きさ 5 でステップ状に変化したときの定常偏差 $e(\infty)$ を計算せよ．

解 この場合の定常偏差は次式で求められる．
$$e(\infty) = \frac{R}{1 + \lim_{s \to 0} G(s)H(s)} \tag{5.2.9}$$
ここで，$R = 5$ および
$$\lim_{s \to 0} G(s)H(s) = \lim_{s \to 0} \frac{3(s+2)}{s(s+3)(s^2+2s+2)} = \infty \tag{5.2.10}$$
であるから
$$e(\infty) = \frac{5}{1 + \infty} = 0 \tag{5.2.11}$$
となる．図 5.5 に時間応答を示す．

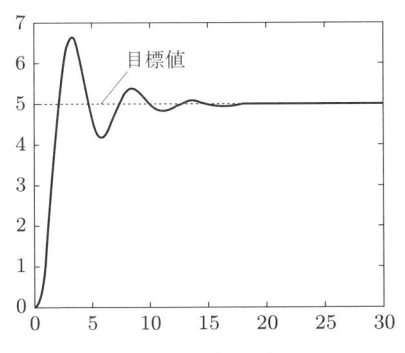

図 **5.5** $G(s)H(s) = \dfrac{3(s+2)}{s(s+3)(s^2+2s+2)}$ のステップ応答 ◀

【演習 5.7】（目標値のランプ状変化）

演習 5.6 と同じ一巡伝達関数において，目標値が傾き 2 でランプ状に変化したときの定常偏差 $e(\infty)$ を計算せよ．

解 この場合の定常偏差は，次式で求められる．

$$e(\infty) = \frac{R}{\lim_{s \to 0} sG(s)H(s)} \tag{5.2.12}$$

ここで，$R = 2$ である．また

$$\lim_{s \to 0} sG(s)H(s) = \frac{3s(s+2)}{s(s+3)(s^2+2s+2)} = \frac{6}{6} = 1 \tag{5.2.13}$$

となるから，定常偏差は，つぎのようになる．

$$e(\infty) = \frac{2}{1} = 2 \tag{5.2.14}$$

図 5.6 に時間応答を示す．

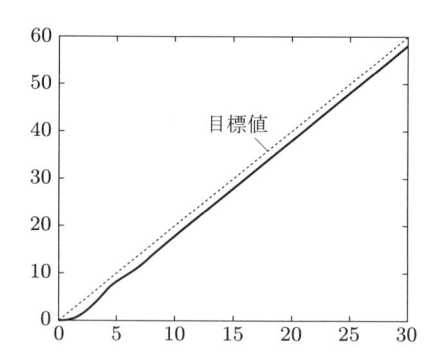

図 5.6 $G(s)H(s) = \dfrac{3(s+2)}{s(s+3)(s^2+2s+2)}$ のランプ応答

【演習 5.8】（外乱のステップ状変化）

演習 5.6 と同じ一巡伝達関数

$$G(s)H(s) = \frac{3(s+2)}{s(s+3)(s^2+2s+2)} \tag{5.2.15}$$

をもつフィードバック制御系が図 5.7 に示す構造であるとき，大きさ 2 のステップ状操作端外乱が制御量の定常値に及ぼす影響 $y_d(\infty)$ を求めよ．

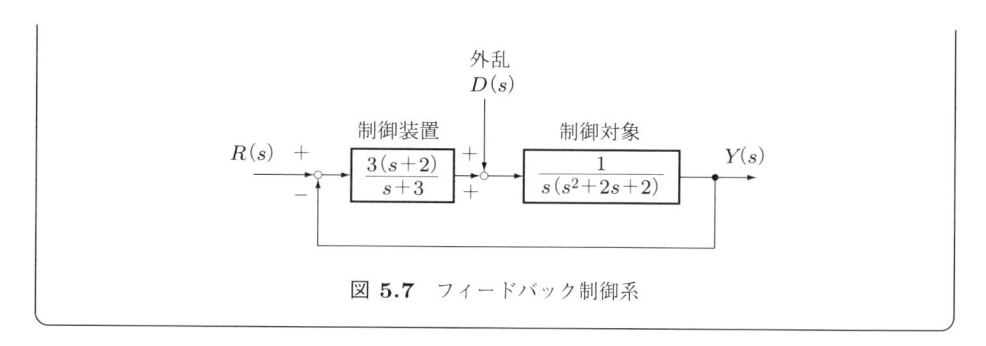

```
                         外乱
                         D(s)
                制御装置    ↓    制御対象
R(s) + ○ →  [ 3(s+2)/(s+3) ] → + → [ 1/(s(s²+2s+2)) ] → Y(s)
       -                  +
       ↑_____|
```

図 5.7 フィードバック制御系

解 演習 5.3 の検討結果によれば，ステップ状操作端外乱が制御量の定常値に及ぼす影響 $y_d(\infty)$ は

$$y_d(\infty) = \frac{D}{\lim_{s \to 0} \frac{1}{G_p(s)} + \lim_{s \to 0} G_c(s)H(s)} \tag{5.2.16}$$

で求められる．ここで，$D=2$ である．また

$$\lim_{s \to 0} \frac{1}{G_p(s)} = \lim_{s \to 0} \frac{s(s^2+2s+2)}{1} = 0 \tag{5.2.17}$$

$$\lim_{s \to 0} G_c(s)H(s) = \lim_{s \to 0} \frac{3(s+2)}{s+3} = \frac{6}{3} = 2 \tag{5.2.18}$$

であるから，$y_d(\infty)$ は，つぎのようになる．

$$y_d(\infty) = \frac{2}{0+2} = 1 \tag{5.2.19}$$

ステップ状に目標値を変化させて，しばらく経ってから操作端に外乱を印加したときの時間応答を図 5.8 に示す．

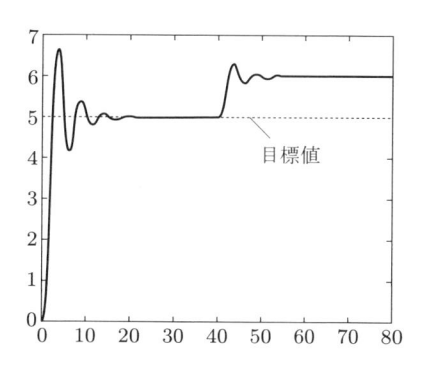

図 5.8 目標値と外乱に対する時間応答

【演習 5.9】（外乱のステップ状変化）

演習 5.6 と同じ一巡伝達関数

$$G(s)H(s) = \frac{3(s+2)}{s(s+3)(s^2+2s+2)} \tag{5.2.20}$$

をもつフィードバック制御系が図 5.9 に示す構造であるとき，大きさ 2 のステップ状操作端外乱が制御量の定常値に及ぼす影響 $y_d(\infty)$ を求めよ．

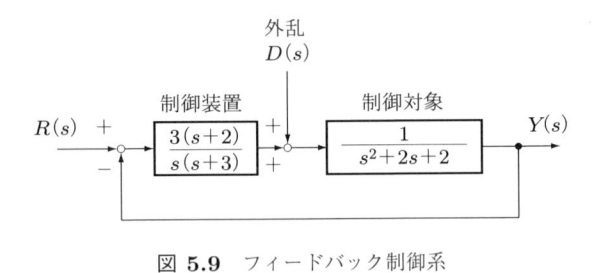

図 5.9　フィードバック制御系

解　ステップ状操作端外乱が，制御量の定常値に及ぼす影響 $y_d(\infty)$ は

$$y_d(\infty) = \frac{D}{\displaystyle\lim_{s \to 0} \frac{1}{G_p(s)} + \lim_{s \to 0} G_c(s)H(s)} \tag{5.2.21}$$

で求められる．ここで，$D = 2$ である．また

$$\lim_{s \to 0} \frac{1}{G_p(s)} = \lim_{s \to 0} \frac{s^2+2s+2}{1} = 2 \tag{5.2.22}$$

$$\lim_{s \to 0} G_c(s)H(s) = \lim_{s \to 0} \frac{3(s+2)}{s(s+3)} = \infty \tag{5.2.23}$$

であるから，$y_d(\infty)$ はつぎのようになる．

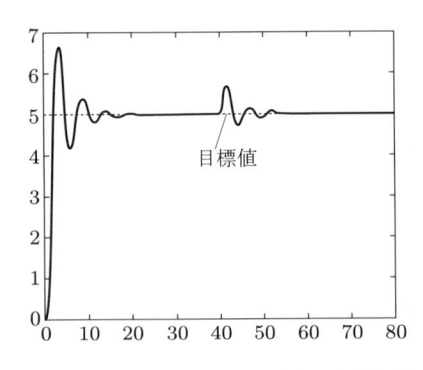

図 5.10　目標値と外乱に対する時間応答

$$y_d(\infty) = \frac{2}{2+\infty} = 0 \tag{5.2.24}$$

ステップ状に目標値を変化させて，しばらく経ってから操作端に外乱を印加したときの時間応答を図 5.10 に示す． ◀

6 PID制御

 プロセス制御の分野においては，制御対象の動特性を正確に把握することがむずかしい．さらには，操業条件によって動特性が多少異なることもある．すなわち，実際のプラントと設計に用いる数学モデルに差が生じる．このような状況下では，最適性の追求をあきらめる代わりに，十分実用に足る性能を発揮でき，しかも，現場でのパラメータ調整が容易な手法が望まれる．この要求に応えるのが PID 制御である．
 PID 制御は，おもにプロセス制御の分野において多く用いられている制御法であり，実際の現場では約 9 割が PID 制御であるといわれている．その理由は，PID 制御が直感的に理解しやすく現場向きであり，また，汎用性にすぐれているからである．本章では，PID 制御の魅力の一端に触れる．

6.1　PID 制御の構造

 PID 制御は直列補償に属し，制御偏差に比例した量，制御偏差を積分した量，および制御偏差を微分した量を加えあわせたものを操作量とする制御法である．
 本節では，前章で学んだ内部モデル原理の立場から PID 制御系の構造を理解する．また，ボード線図を描くことで，ゲインと位相をどのように整形しようとする補償器であるかを調べる．

【演習 6.1】（PID 制御系の構成）

　PID 制御系の構成をブロック線図で表せ．

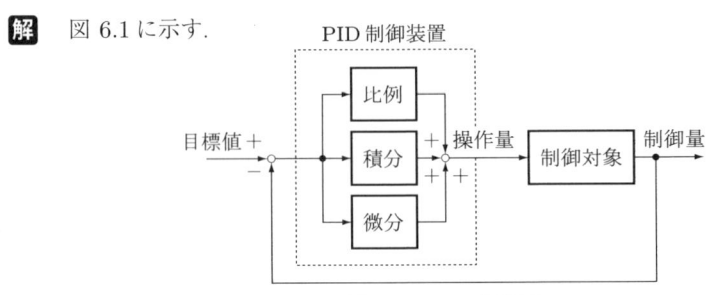

解　図 6.1 に示す．

図 6.1　PID 制御系

【演習 6.2】（PID 制御装置の伝達関数）

PID 制御装置の伝達関数を求めよ．

解 制御偏差 $e(t)$ に，P 動作，I 動作，D 動作が並列にあわさって操作量 $u(t)$ を生む．

$$u(t) = K_P \left(e(t) + \frac{1}{T_I} \int_0^t e(\tau)\,d\tau + T_D \frac{de(t)}{dt} \right) \tag{6.1.1}$$

初期値をゼロとしてラプラス変換すると，つぎのようになる．

$$G_c(s) = \frac{U(s)}{E(s)} = K_P \left(1 + \frac{1}{T_I s} + T_D s \right) \tag{6.1.2}$$

式 (6.1.2) が PID 制御装置の伝達関数である．通分すると

$$G_c(s) = \frac{K_P + K_P T_I s + K_P T_I T_D s^2}{T_I s} \tag{6.1.3}$$

となる．式 (6.1.3) から，原点に極をもつ制御装置であることを確認できる．

したがって，第 5 章で習得した内部モデル原理から，図 6.1 の PID 制御系は，ステップ状の目標値変化およびステップ状の外乱印加に対して定常偏差を生じない制御構造を有していることが理解できる． ◀

【演習 6.3】（PI 制御装置のボード線図）

PI 制御装置のボード線図を折れ線近似で描け．

解 PI 制御装置の伝達関数は

$$G_c(s) = K_P \left(1 + \frac{1}{T_I s} \right) = K_P \cdot \frac{1 + T_I s}{T_I s} = K_P \cdot \frac{1}{T_I s} \cdot \frac{1 + T_I s}{1} \tag{6.1.4}$$

と分解できる．図 6.2 に，K_P と $\frac{1}{T_I s}$ のボード線図を示す．また，$\frac{1 + T_I s}{1}$ のボード線図は，

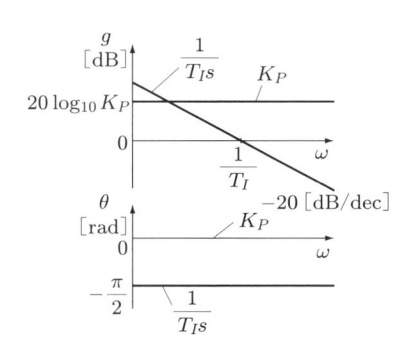

図 6.2 K_P と $\frac{1}{T_I s}$ のボード線図

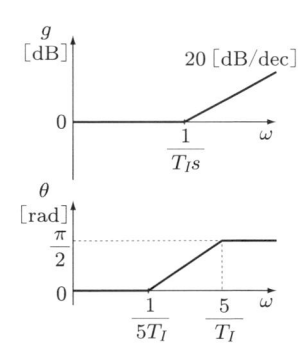

図 6.3 $\frac{1 + T_I s}{1}$ のボード線図

1次遅れ要素の逆数であることを利用して作図すると図 6.3 となる．

これらを図面上で加えあわせることで，PI 制御装置のボード線図ができあがる（図 6.4）．

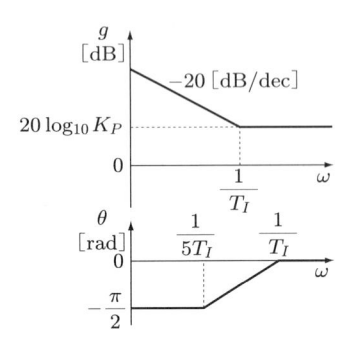

図 **6.4** PI 制御装置のボード線図

高周波領域の特性はあまり変えないで，低周波領域においてゲイン特性を持ち上げて定常特性の改善を図ろうとしていることがうかがえる． ◀

6.2 三つの動作とそれらの働き

比例，積分，微分の三つの動作は，それぞれの役割をもっている．これらの役割を理解すれば，PID 制御がいろいろな分野で広く使われている理由が納得できる．

【演習 6.4】（P 動作の働き）

P 動作の働きを考察せよ．

解 P 動作では，制御偏差 $e(t)$ にゲイン K_P を掛けて操作量を生みだす．制御偏差が大きいときは，大きな操作量を制御対象に入力するので，制御量は目標値に向かって急速に動く．制御量が目標値に近づくにつれて制御偏差が小さくなると，それに比例して操作量もしだいに小さくなる．このように，制御偏差が大きいときは大きな力で，小さいときは小さな力で制御量を目標値に近づけようとする，それが P 動作の働きである．

ゲイン K_P の選定は重要である．小さすぎると滑らかだがのろのろした動きになる．逆に大きすぎると，勢いがよすぎて制御量が目標値を通り越してしまう．そして逆向きに動かそうとして，またも目標値を通り越してしまうため，振動を繰り返しながら目標値に近づくことになる．目標値をステップ状に変えたときの制御量の応答の様子を図 6.5 に示す．

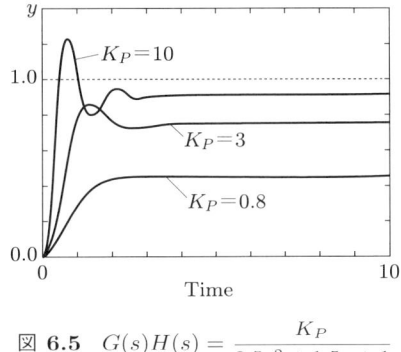

図 6.5 $G(s)H(s) = \dfrac{K_P}{0.5s^2 + 1.5s + 1}$

【演習 6.5】(P 動作と定常偏差)

P 動作だけでは，ステップ状の目標値変化に対して定常偏差が残る．この理由を説明せよ．

解 制御対象が定位系の場合，P 動作だけでは一巡伝達関数に積分特性をもたせることができないので，内部モデル原理から定常偏差が残ることがわかる．このことは，演習 5.1 において最終値の定理を用いて解析的に示した後，演習 5.4 において数値例で確認した．

ここでは，図を用いてもう一度考えてみたい．

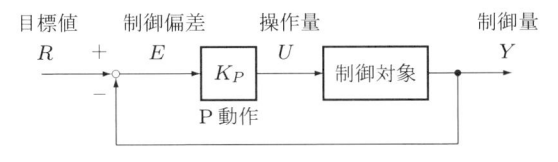

図 6.6 P 制御系

図 6.6 は，制御装置に P 動作だけを与えたフィードバック制御系を表している．いま，定常状態において操作量が U_1 のとき，制御量が Y_1 になって目標値 R_1 に一致しているとする．図 6.7 (a) のような制御対象の静特性であるとするとき，上記の U_1，Y_1，R_1 の関係は図的にとらえることができる．

この定常状態から，目標値を R_1 よりも大きな R_2 に変更したとする．いままでゼロであった制御偏差は $R_2 - Y_1$ になり，制御装置は，これを減らすように操作量を増加させて，制御量を新しい目標値 R_2 に一致させようと働く．この結果，操作量が U_1 のとき $Y_1 = R_1$ となってバランスしていた定常状態から，目標値変更によって制御量は新たに Y_2 という定常状態に落ち着いたとする．

(a) 制御対象の静特性

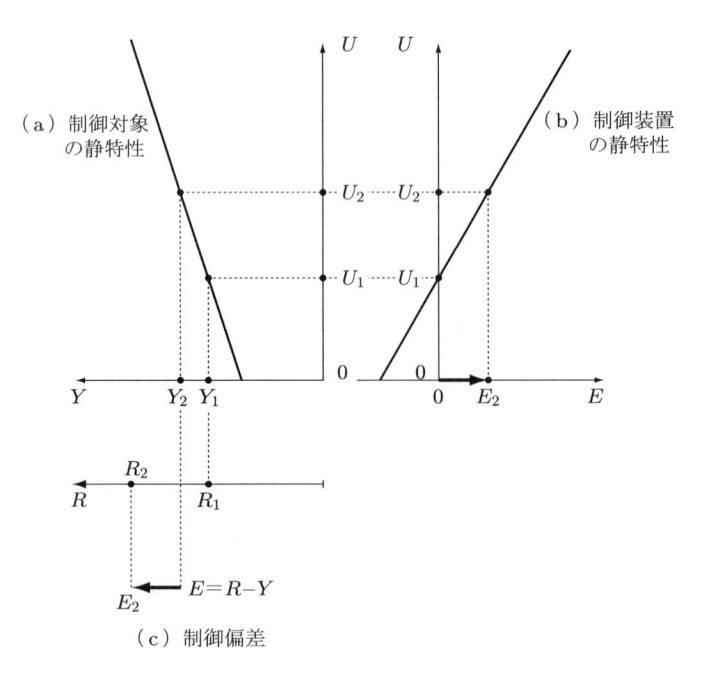

(b) 制御装置の静特性

(c) 制御偏差

図 6.7　定常偏差の残る仕組み

このときの操作量の増加分は，制御対象の静特性からすぐにわかる．さらには，図 6.7 (b) に表す制御装置の静特性から，操作量 U_2 をつくりだすのに必要な制御偏差 E_2 の大きさを割りだすことができる．結局，図 6.7 から，E_2 の大きさの制御偏差が制御量を Y_2 の値に保つために必要であることがわかる．すなわち，Y_2 は R_2 に一致しない． ◀

【演習 6.6】（P 動作と定常偏差）

P 動作のゲイン K_P を大きな値にすれば，ステップ状の目標値変化に対する定常偏差を小さくできることを示せ．

解　演習 5.1 の式 (5.1.3) から，定常偏差を完全にゼロにすることはできないものの，P 動作のゲイン K_P を大きな値にすることで，一巡伝達関数の定常ゲインである κ の値は大きくなり，その結果として定常偏差を小さくできることがわかる．

図 6.7 を使って考察してみよう．P 動作のゲイン K_P を大きな値にすると，図 6.8 (b) のように制御装置の静特性の直線の傾きは急になる．

図 6.8 (a) の E_2' と同図 (c) の E_2' は，どちらも同じく定常偏差を表しているので，それらの大きさが等しくなるところが目標値変更による新たな定常状態である．さらには，制御量の定常値 Y_2' とそれを保持する操作量の定常値 U_2' も図的に求めることができる．図 6.7

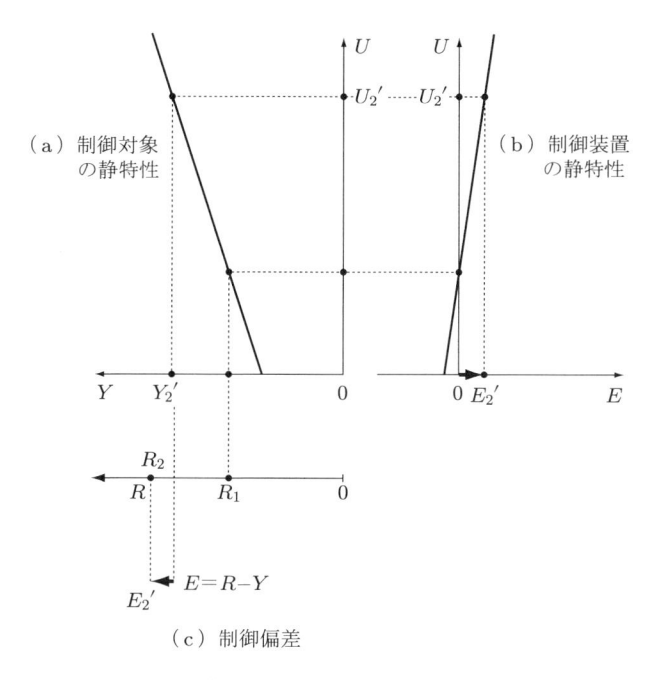

図 6.8 P動作のゲインを大きくしたときの定常偏差

の E_2 と比べると明らかに E_2' のほうが小さい.

しかしながら，ゲイン K_P を大きくしすぎると，演習 6.4 で調べたように応答の振動は激しくなり，制御系が不安定になることすらある．むやみにゲインを大きくすることは避けなくてはならない． ◀

【演習 6.7】（I 動作の働き）

I 動作の働きを考察せよ．

解　I 動作があれば，演習 6.2 の式 (6.1.3) の形になって，定常偏差なくステップ状の目標値変化に追従できる．これが内部モデル原理である．

このことをもう一度考えてみよう．I 動作は，制御偏差を入力してその積分値を操作量として出力する．

$$u(t) = \frac{1}{T_I} \int_0^t e(\tau)\,d\tau \tag{6.2.1}$$

制御偏差 $e(t)$ がある限り操作量 $u(t)$ は変化し，制御量 $y(t)$ を目標値 $r(t)$ に近づけようとする．そして，操作量 $u(t)$ の変化が止まって一定値になったとき，それは制御偏差 $e(t)$ がゼロに落ち着いたことを意味する．この定常状態において制御量 $y(t)$ は目標値 $r(t)$ に一致して

いる.

P 動作は現在の制御偏差の定数倍を出力する．そのため，制御偏差がゼロになればその出力もゼロとなる．これに対して I 動作は，制御偏差の過去から現在までの値を積分して蓄えることによって，制御量が目標値に一致して制御偏差がゼロになった後も一定の値を出力することで制御量を一定値に保持する．このようにして I 動作は定常偏差をなくする．　◀

【演習 6.8】（D 動作の働き）

D 動作の働きを考察せよ．

解　現在の制御偏差の大きさに比例する操作量を出力するのが P 動作であった．D 動作は制御偏差の時間的変化率に比例した操作量を出力する．制御偏差がどんな勢いで増えつつあるのか，それとも減りつつあるのかを判断し，その変化速度に応じた操作量を生みだす．

制御偏差が急激に変わろうとするとき，その動きをキャッチして制御偏差の絶対値が大きくなる前に抑え込もうとする．I 動作が過去の情報に基づいて定常状態における偏差をなくそうとする働きとは対照的に，未来の情報を先どりして過渡状態における動特性の改善を図ることが D 動作の使命である．　◀

7 部分的モデルマッチング法

プロセス制御の分野では，制御対象の正確な同定がむずかしい．そこで，制御対象の部分的知識に基づく PID 制御系の設計法が考案された．この設計法は，制御対象を同定する際に比較的正確に測定できる低周波特性に基づいた手法である．

フィードバック系とその参照モデルにおいて，s の低次の項から順にマッチングを行い，制御装置の複雑さに応じた適切な次数でマッチングを中断するのがこの手法の特徴である．s の最高次まで完全にマッチングを実行するわけではないので，部分的モデルマッチング法とよばれる．

エネルギー散逸が大きくて応答が非振動的な制御対象に対しては，設計目的にとって必要最小限の動特性に関する知識ですぐれた制御系を設計することができるので，プロセス制御の分野に適していると考えられる．

7.1 部分的モデルマッチング法による PID 制御

制御対象は 1 入力 1 出力で，つぎの伝達関数で記述されているとする．

$$G_p(s) = \frac{b_0 + b_1 s + b_2 s^2 + b_3 s^3 + \cdots}{a_0 + a_1 s + a_2 s^2 + a_3 s^3 + \cdots} \tag{7.1.1}$$

上式において，s の低次の係数 a_0, b_0, a_1, b_1 などは比較的正確に測定できているが，s の高次の係数になるに従って，雑音などにより，その精度は劣化しているとみなす．

このとき，つぎの設計仕様を満足する制御系の設計問題を考える．
(1) 定常偏差がゼロになること
(2) 適切な減衰特性をもつこと
(3) 上記の仕様を満たしたうえで，立ち上がり時間が最小になること

すなわち，制御性，安定性，速応性の面から十分によい性能を備えているように，制御系を設計することを目的とする．

【演習 7.1】（部分的モデルマッチング法とは）

部分的モデルマッチング法とは何かを，適当な図を用いて説明せよ．

解 図 7.1 に示す制御系は PID 制御系である．比例ゲイン K_P，積分時間 T_I，微分時間 T_D は，PID 制御装置の制御定数であって，これらの値を適切に決定しなくてはならない．

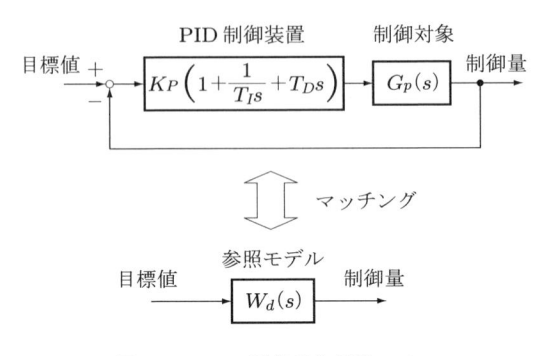

図 7.1 PID 制御系と参照モデル

ここでは，目標値から制御量までのフィードバック特性が参照モデルの特性に一致するように，制御定数を調整するモデルマッチング手法を採用する．両者の特性を等しくおいて制御装置に関して解くと，制御装置はきわめて高い次数でしかも複雑な構造になることは容易に想像できる．PID 制御装置の構造を保持したままモデルマッチングを行うには，厳密なマッチングをあきらめるほかない．すなわち，部分的モデルマッチングである．

フィードバック系の定常特性，立ち上がり特性などの基本的な特性のみに着目して，細かな動きを無視する部分的モデルマッチングの考えは，同定の観点からも理に適っている．具体的には，s の低次の項から順次マッチングを行い，制御装置の複雑さに応じた適切な次数までマッチングを行う．この際，制御装置を PI 動作にするか PID 動作にするかで，フィードバック系の伝達関数の次数は違ってくるため，その次数に見あった参照モデルをいくつか用意しておいて，そのつど使い分けることが考えられるが，これでは煩雑である．そこで，必要に応じて適当な次数で打ち切っても，好ましい応答特性を有する参照モデル $W_d(s)$ を準備しておくことにする．

$$W_d(s) = \frac{1}{\alpha(s)} = \frac{1}{\alpha_0 + \alpha_1 \sigma s + \alpha_2 \sigma^2 s^2 + \alpha_3 \sigma^3 s^3 + \cdots} \tag{7.1.2}$$

ここで，σ は，その次数を s の次数とあわせているので，時間スケールの変換パラメータである．しかも，1 次のモーメントに一致し，立ち上がりの一つの特性値でもある．この σ の値も設計時に最適に決定する． ◀

【演習 7.2】（参照モデル）

参照モデル (7.1.2) の係数の値を

$$\{\alpha_0,\ \alpha_1,\ \alpha_2,\ \alpha_3,\ \ldots\} = \left\{1,\ 1,\ \frac{1}{2},\ \frac{3}{20},\ \frac{3}{100},\ \frac{3}{1\,000},\ \ldots\right\} \tag{7.1.3}$$

とすると，そのステップ応答は，ITAE (integral time absolute error) 評価をほぼ最小とし，オーバーシュート量約 10% のモデルとなる．2〜5 次遅れ系の極の位置，ボード線図および時間応答を示せ．ただし，σ の値は 1 とする．

解 図 7.2 に，2〜5 次遅れ系の極の位置，ボード線図および単位ステップ応答を示す．

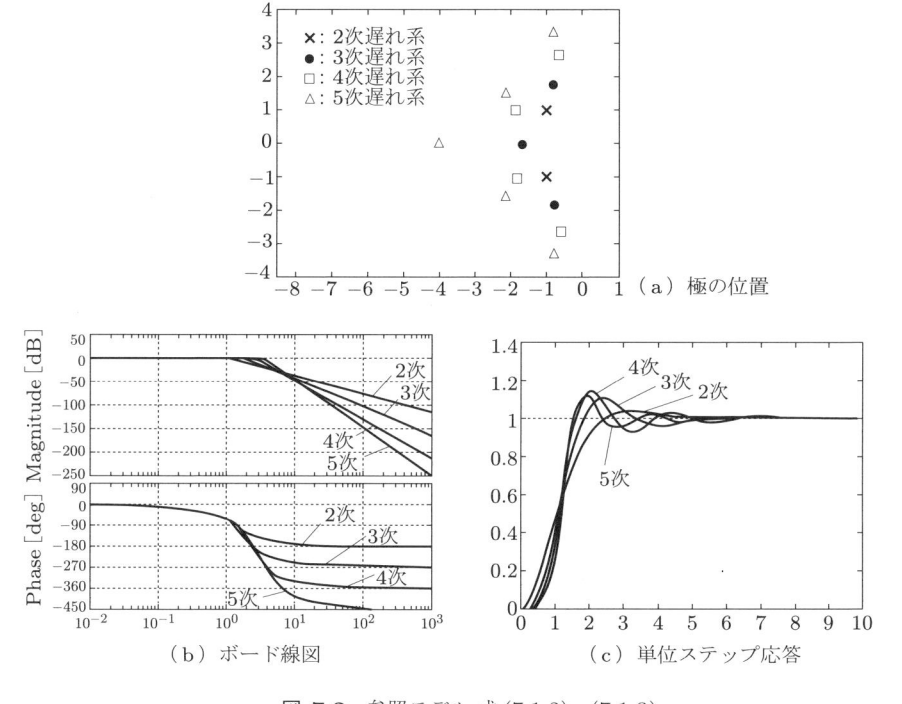

図 7.2 参照モデル 式 (7.1.2)，(7.1.3)

単位ステップ応答は図 7.2(c) である．参照モデルはフィードバック系の目標値から制御量までの伝達特性を表すから，当然，定常ゲインは 1 である．次数が増えるに従って，いくぶん振動的になっているものの，4 種類のモデルはどれも，整定時間 4〜5 秒の好ましい応答特性であるといえる．◀

演習 7.2 では，σ の値は 1 とした．以下においては，σ を変数として 2 次遅れ系で考察しよう．$W_d(s) = \dfrac{1}{1 + \sigma s + 0.5\sigma^2 s^2} = \dfrac{\omega_n^2}{s^2 + 2\zeta\omega_n s + \omega_n^2}$，ただし，$\zeta = 1/\sqrt{2}$，$\omega_n = \sqrt{2}/\sigma$ のように標準形式に書き換えてみると，減衰係数 ζ は一定で固有角周波数 ω_n が変数であることがわかる．このような条件のもとでは，時間のスケールだけ

が変わることを第 2 章の演習 2.9 で学んだ．すなわち，σ は時間スケールの変換パラメータである．

【演習 7.3】（参照モデル）

参照モデル (7.1.2) の係数の値を

$$\{\alpha_0, \alpha_1, \alpha_2, \alpha_3, \ldots\} = \left\{1,\ 1,\ \frac{3}{8},\ \frac{1}{16},\ \frac{1}{256}, \ldots\right\} \tag{7.1.4}$$

とすると，そのステップ応答は，オーバーシュートなしで速やかに整定する特性が得られる．2〜4 次遅れ系の極の位置，ボード線図および時間応答を示せ．ただし，σ の値は 1 とする．

解 図 7.3 に 2〜4 次遅れ系の極の位置，ボード線図および単位ステップ応答を示す．

単位ステップ応答は図 7.3 (c) である．どの次数で打ち切っても，オーバーシュートなしで速やかに整定する好ましい応答特性であるといえる．

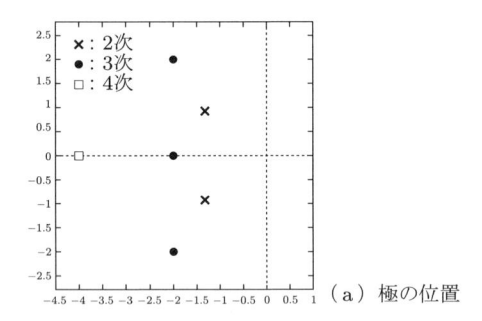

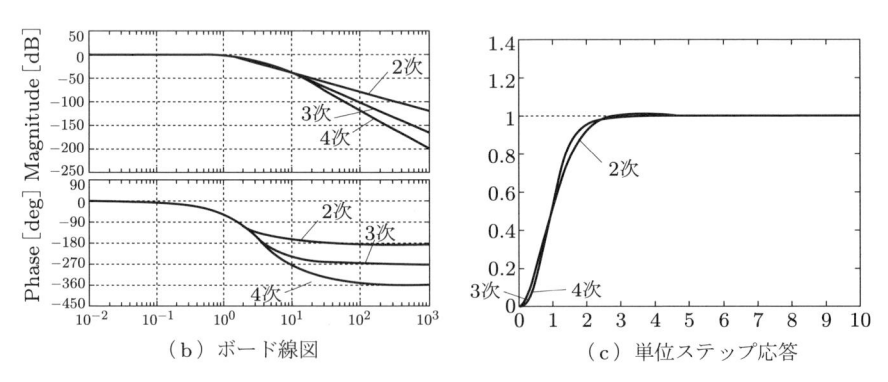

図 **7.3** 参照モデル 式 (7.1.2), (7.1.4)

【演習 7.4】（フィードバック系の伝達関数）

図 7.4 に示す PID 制御系の伝達関数を求めよ．

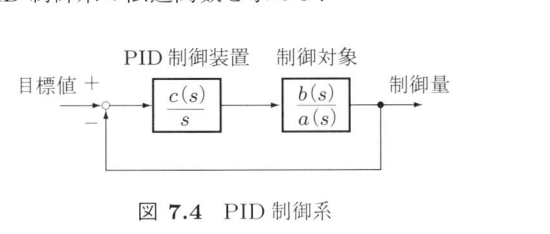

図 7.4　PID 制御系

解　制御対象の伝達関数を

$$G_p(s) = \frac{b(s)}{a(s)} = \frac{b_0 + b_1 s + b_2 s^2 + b_3 s^3 + \cdots}{a_0 + a_1 s + a_2 s^2 + a_3 s^3 + \cdots} \tag{7.1.5}$$

とおく．ここで，s の低次の次数ほどパラメータ a_i，b_i は正確に求められているとする．また，PID 制御装置の伝達関数を図 7.1 においては，比例ゲイン K_P，積分時間 T_I，微分時間 T_D を用いて，

$$G_C(s) = K_P \left(1 + \frac{1}{T_I s} + T_D s\right) \tag{7.1.6}$$

と記述した．上式の右辺を通分し，しかも K_P，T_I，T_D のほかに，さらに高次の微分動作も含んだ制御装置として，つぎのように表現する．

$$\frac{c(s)}{s} = \frac{c_0 + c_1 s + c_2 s^2 + c_3 s^3 + \cdots}{s} \tag{7.1.7}$$

この式において，c_0 が I 動作，c_1 が P 動作，c_2 が D 動作を表しており，さらに c_3 は 2 次の D 動作，c_4 は 3 次の D 動作を表している．図 7.4 の構造のフィードバック系の目標値から制御量までの伝達関数 $W(s)$ は

$$W(s) = \frac{\dfrac{c(s)}{s} \times \dfrac{b(s)}{a(s)}}{1 + \dfrac{c(s)}{s} \times \dfrac{b(s)}{a(s)}} = \frac{c(s)b(s)}{sa(s) + c(s)b(s)} \tag{7.1.8}$$

となる．　◀

【演習 7.5】（モデルマッチング式）

参照モデルと PID 制御系のモデルマッチング式を求めよ．

解　参照モデルの伝達関数は，式 (7.1.2) において高次遅れ系として与えた．しかしながら，演習 7.4 の結果として得たフィードバック系の伝達関数 (7.1.8) は，分母，分子それぞれが s の多項式である．そこで，式 (7.1.8) の分母，分子ともに $c(s)b(s)$ で割って分子を 1 に

する．
$$W(s) = \frac{1}{1 + \dfrac{sa(s)}{c(s)b(s)}} = \frac{1}{1 + s\dfrac{h(s)}{c(s)}} \tag{7.1.9}$$

ただし，$h(s)$ は制御対象 (7.1.5) の多項式 $a(s)$ と $b(s)$ を用いて次式により計算する．

$$h(s) = \frac{a(s)}{b(s)} = h_0 + h_1 s + h_2 s^2 + h_3 s^3 + \cdots \tag{7.1.10}$$

フィードバック系の伝達関数 (7.1.9) と参照モデル (7.1.2) を等しいとおくことにより，つぎの関係式を得る．

$$1 + s\frac{h(s)}{c(s)} = \alpha(s) \tag{7.1.11}$$

これが所望のモデルマッチング式である． ◀

【演習 7.6】（制御対象の分母系列表現）

演習 7.5 の式 (7.1.10) 右辺の係数を求める計算式を導出せよ．また，制御対象の伝達関数 (7.1.5) において，s の低次の次数ほどパラメータ a_i, b_i は正確に求められているという性質は，分母系列表現に変換後も保持されることを示せ．

解 式 (7.1.10) の $h(s)$ と伝達関数 $G_p(s)$ との関係は

$$G_p(s) = \frac{1}{h(s)} \tag{7.1.12}$$

であるから，制御対象の分母系列表現を求めることに相当する．多項式の割り算を実行しよう．

$$
\begin{array}{r}
\overset{h_0}{\overset{\|}{\dfrac{a_0}{b_0}}} + \overset{h_1}{\overset{\|}{\dfrac{a_1 - b_1 h_0}{b_0}}} s + \overset{h_2}{\overset{\|}{\dfrac{a_2 - b_1 h_1 - b_2 h_0}{b_0}}} s^2 + \cdots \\
b_0 + b_1 s + b_2 s^2 + \cdots \overline{\smash{\big)}\, a_0 + a_1 s \quad\quad + a_2 s^2 \quad\quad + \cdots} \\
\underline{a_0 + b_1 h_0 s \quad\quad + b_2 h_0 s^2 \quad\quad + \cdots} \\
0 + (a_1 - b_1 h_0) s + (a_2 - b_2 h_0) s^2 + \cdots \\
\underline{(a_1 - b_1 h_0) s + b_1 h_1 s^2 \quad\quad + \cdots} \\
0 \quad\quad + (a_2 - b_1 h_1 - b_2 h_0) s^2 + \cdots \\
\underline{(a_2 - b_1 h_1 - b_2 h_0) s^2 + \cdots} \\
0 \quad + \cdots
\end{array}
$$

したがって，計算式は，つぎのようにまとめることができる．

$$h_0 = a_0/b_0 \tag{7.1.13}$$

$$h_1 = (a_1 - b_1 h_0)/b_0 \tag{7.1.14}$$

$$h_2 = (a_2 - b_1 h_1 - b_2 h_0)/b_0 \tag{7.1.15}$$

$$h_3 = (a_3 - b_1 h_2 - b_2 h_1 - b_3 h_0)/b_0 \tag{7.1.16}$$

$$\cdots$$

$$h_i = (a_i - b_1 h_{i-1} - b_2 h_{i-2} - \cdots - b_i h_0)/b_0 \tag{7.1.17}$$

上の式から，s の 0 次の係数である h_0 は，同じく 0 次の係数である a_0 と b_0 から計算され，s の 1 次の係数である h_1 は，0 次と 1 次の係数である a_0, b_0, a_1, b_1 から計算されることがわかる．

同様に，i 次の係数である h_i は，i 次以下の係数から計算されるので，制御対象の表現式 (7.1.5) において，低次の係数ほど正確に求められているという性質は，式 (7.1.10) の表現においても保持されているといえる．　◀

【演習 7.7】（制御装置について解く）

演習 7.5 の式 (7.1.11) を $c(s)$ について解け．

解　式 (7.1.11) を $c(s)$ について解くと

$$c(s) = \frac{sh(s)}{\alpha(s) - 1} \tag{7.1.18}$$

となる．ここで，式 (7.1.7) で定義したように，$c(s)$ は

$$c(s) = c_0 + c_1 s + c_2 s^2 + c_3 s^3 + \cdots \tag{7.1.19}$$

であるから，式 (7.1.18) の右辺も s の昇べきに展開する．

まず，式 (7.1.18) の分子は

$$sh(s) = h_0 s + h_1 s^2 + h_2 s^3 + h_3 s^4 + \cdots \tag{7.1.20}$$

である．また，分母は式 (7.1.3) と式 (7.1.4) のどちらにおいても $\alpha_0 = \alpha_1 = 1$ であることから

$$\alpha(s) - 1 = \sigma s + \alpha_2 \sigma^2 s^2 + \alpha_3 \sigma^3 s^3 + \cdots \tag{7.1.21}$$

となることがわかる．これら分母と分子を s で約分した後，多項式の割り算を行う．

$$
\begin{array}{r}
\dfrac{h_0}{\sigma} + \dfrac{1}{\sigma}(h_1 - \alpha_2 h_0 \sigma)s + \dfrac{1}{\sigma}\{h_2 - \alpha_2 h_1 \sigma + (\alpha_2{}^2 - \alpha_3)h_0 \sigma^2\}s^2 + \cdots \\
\sigma + \alpha_2 \sigma^2 s \;\Big)\; \overline{\begin{array}{lll} h_0 + h_1 s & + h_2 s^2 & + \cdots \end{array}} \\
\end{array}
$$

$$
\begin{array}{ll}
\sigma + \alpha_2\sigma^2 s & \\
\;\; + \alpha_3 \sigma^3 s^2 + \cdots &
\end{array}
$$

$$
\begin{array}{lll}
h_0 + \alpha_2 h_0 \sigma s & + \alpha_3 h_0 \sigma^2 s^2 & \\
\hline
0 \;\; + (h_1 - \alpha_2 h_0 \sigma)s & + (h_2 - \alpha_3 h_0 \sigma^2)s^2 & + \cdots \\
\;\;\;\;\; (h_1 - \alpha_2 h_0 \sigma)s & + \alpha_2(h_1 - \alpha_2 h_0 \sigma)\sigma s^2 & \\
\hline
0 & + \{h_2 - \alpha_2 h_1 \sigma + (\alpha_2{}^2 - \alpha_3)h_0 \sigma^2\}s^2 & + \cdots \\
& \;\;\; \{h_2 - \alpha_2 h_1 \sigma + (\alpha_2{}^2 - \alpha_3)h_0 \sigma^2\}s^2 & + \cdots \\
\hline
& 0 & + \cdots
\end{array}
$$

これから

$$
\begin{aligned}
c(s) = &\; \dfrac{h_0}{\sigma} + \dfrac{1}{\sigma}(h_1 - \alpha_2 h_0 \sigma)s + \dfrac{1}{\sigma}\{h_2 - \alpha_2 h_1 \sigma + (\alpha_2{}^2 - \alpha_3)h_0 \sigma^2\}s^2 \\
& + \dfrac{1}{\sigma}\{h_3 - \alpha_2 h_2 \sigma + (\alpha_2{}^2 - \alpha_3)h_1 \sigma^2 \\
& \quad - (\alpha_2{}^3 - 2\alpha_2 \alpha_3 + \alpha_4)h_0 \sigma^3\}s^3 + \cdots \tag{7.1.22}
\end{aligned}
$$

となる. ◀

【演習 7.8】（PID 制御系設計公式）

演習 7.7 の式 (7.1.22) から，PID 制御系設計公式を導出せよ．

解 PID 制御系設計公式は，式 (7.1.19) と式 (7.1.22) を，s の低次の項からできるだけ高次の項まで等しくおくことにより得ることができる．

$$
c_0 = h_0/\sigma \tag{7.1.23}
$$

$$
c_1 = h_1/\sigma - \alpha_2 h_0 \tag{7.1.24}
$$

$$
c_2 = h_2/\sigma - \alpha_2 h_1 + (\alpha_2{}^2 - \alpha_3)h_0 \sigma \tag{7.1.25}
$$

$$
c_3 = h_3/\sigma - \alpha_2 h_2 + (\alpha_2{}^2 - \alpha_3)h_1 \sigma - (\alpha_2{}^3 - 2\alpha_2 \alpha_3 + \alpha_4)h_0 \sigma^2 \tag{7.1.26}
$$

$\cdots$

演習 7.1 において，参照モデルを式 (7.1.2) で定義したときに述べたように，σ の値はまだ決まっていない．PI 動作では c_0, c_1 を使うので，σ を含めて未決定のパラメータは三つある．したがって，上式のうち，低次から順に三つの式を成立させることができる．c_0 と c_1 は，σ を含む式 (7.1.23) と (7.1.24) で計算する．そして，σ は，式 (7.1.25) において $c_2 = 0$ として決定する．この $c_2 = 0$ は，D 動作を使用しないということを表す．

PID 動作では c_0, c_1, c_2 を使う．この三つのパラメータは，σ を含む式 (7.1.23)，(7.1.24) と式 (7.1.25) で計算する．そして σ は，$c_3 = 0$ とした式 (7.1.26) から決定する．この $c_3 = 0$

は，D^2 動作を使用しないということを表す．

σ の満たすべき方程式はつぎのようになる．

(1) PI 動作：
$$(\alpha_2{}^2 - \alpha_3)h_0\sigma^2 - \alpha_2 h_1 \sigma + h_2 = 0 \tag{7.1.27}$$

(2) PID 動作：
$$(\alpha_2{}^3 - 2\alpha_2\alpha_3 + \alpha_4)h_0\sigma^3 - (\alpha_2{}^2 - \alpha_3)h_1\sigma^2 + \alpha_2 h_2 \sigma - h_3 = 0 \tag{7.1.28}$$

σ は，方程式 (7.1.27) もしくは方程式 (7.1.28) を解いて得られる解のうち，最小の正のものを採用する．

以上において，PID 制御系の設計公式を PI 動作と PID 動作に関してまとめた．I 動作だけの場合や $PIDD^2$ 動作，さらには $PIDD^2D^3$ 動作に関しても同じ要領で制御系設計公式としてまとめることができる． ◀

7.2 PID 制御系設計数値例

PID 制御系設計の事例を扱おう．部分的モデルマッチング法は，エネルギー散逸が大きくて応答が非振動的な制御対象に対しては，設計目的にとって必要最小限の動特性に関する知識で，すぐれた制御系を設計することができるので，プロセス制御の分野に適していることは先に述べた．演習 7.9 から演習 7.12 では，そのような特性をもつ制御対象を扱い，PI 動作，PID 動作ともに期待どおりの制御性能を発揮できることを示す．むだ時間系に対しては，演習 7.13 から演習 7.15 をあてる．時定数の半分の長さのむだ時間ならば，部分的モデルマッチング法が適用可能であることを確認する．

演習 7.16 から演習 7.18 では，不安定な振動系が制御対象である．部分的モデルマッチング法にとっては適用範疇外であり，設計失敗例を示すこととなる．PI 動作では正の σ を求めることができない．また，PID 動作では，正の σ を求めることができるが，フィードバック制御系は不安定となることを示す．演習 7.19 以降は，振動系を対象とする．振動系は，部分的モデルマッチング法が不得意とする制御対象である．振動性が非常に弱ければ何とか適用可能であることを示す．

【演習 7.9】（制御対象）

制御対象
$$G_p(s) = \frac{1}{1 + 4s + 2.4s^2 + 0.448s^3 + 0.0256s^4} \tag{7.2.1}$$
の動特性を調べよ．

解 制御対象は，立ち上がり時間 4.0 の 4 次遅れ系である．制御対象自身のステップ応答を図 7.5 に示す．

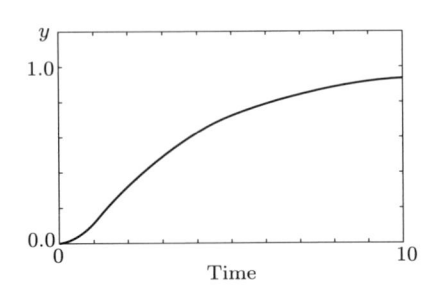

図 7.5 制御対象 (7.2.1) のステップ応答

【演習 7.10】（制御系の設計）

制御対象 (7.2.1) に対し，参照モデルの係数列を演習 7.2 の式 (7.1.3) として PID 制御系を PI 動作で設計せよ．

解 PI 動作の制御装置の構造は

$$\frac{c(s)}{s} = \frac{c_0 + c_1 s}{s} \tag{7.2.2}$$

であり，c_0 が I 動作，c_1 が P 動作のパラメータである．さて，制御対象 (7.2.1) はすでに分母系列表現なので，$h_0 = 1$，$h_1 = 4$，$h_2 = 2.4$ である．したがって，方程式 (7.1.27) は

$$0.1\sigma^2 - 2.0\sigma + 2.4 = 0 \tag{7.2.3}$$

となる．方程式 (7.2.3) の解は，18.718，1.2822 であるから，正の最小解として，$\sigma = 1.2822$ を得る．この σ を使って，式 (7.1.23) と式 (7.1.24) から c_0 と c_1 を計算する．

$$c_0 = \frac{h_0}{\sigma} = \frac{1.0}{1.2822} = 0.7799 \tag{7.2.4}$$

$$c_1 = \frac{h_1}{\sigma} - \alpha_2 h_0 = \frac{4.0}{1.2822} - 0.5 \times 1.0 = 2.6196 \tag{7.2.5}$$

上記のように，きわめてシステマティックに制御装置のパラメータを求めることができた．前章の式 (6.1.1) の表現であれば，

$$K_P = c_1 = 2.6196 \tag{7.2.6}$$

$$T_I = \frac{K_P}{c_0} = \frac{2.6196}{0.7799} = 3.3589 \tag{7.2.7}$$

である．

─【演習 7.11】（制御系の設計）─────────────────

制御対象 (7.2.1) に対し，参照モデルの係数列を演習 7.2 の式 (7.1.3) として PID 制御系を PID 動作で設計せよ．

解 PID 動作の制御装置の構造は

$$\frac{c(s)}{s} = \frac{c_0 + c_1 s + c_2 s^2}{s} \tag{7.2.8}$$

であり，c_0 が I 動作，c_1 が P 動作，c_2 が D 動作のパラメータである．さて，制御対象 (7.2.1) から，$h_0 = 1$, $h_1 = 4$, $h_2 = 2.4$, $h_3 = 0.448$ であることがわかる．したがって方程式 (7.1.28) は

$$0.005\sigma^3 - 0.4\sigma^2 + 1.2\sigma - 0.448 = 0 \tag{7.2.9}$$

となる．方程式 (7.2.9) の解は，76.894, 2.6695, 0.4365 であるから，正の最小解として，$\sigma = 0.4365$ を得る．この σ を使って，式 (7.1.23)〜(7.1.25) から c_0, c_1, c_2 を計算する．

$$c_0 = \frac{h_0}{\sigma} = \frac{1.0}{0.4365} = 2.2910 \tag{7.2.10}$$

$$c_1 = \frac{h_1}{\sigma} - \alpha_2 h_0 = \frac{4.0}{0.4365} - 0.5 \times 1.0 = 8.6638 \tag{7.2.11}$$

$$\begin{aligned} c_2 &= \frac{h_2}{\sigma} - \alpha_2 h_1 + (\alpha_2{}^2 - \alpha_3) h_0 \sigma \\ &= \frac{2.4}{0.4365} - 0.5 \times 4.0 + (0.5^2 - 0.15) \times 1.0 \times 0.4365 \\ &= 5.4983 - 2.0 + 0.04365 \\ &= 3.5419 \end{aligned} \tag{7.2.12}$$

上記のように，きわめてシステマティックに制御装置のパラメータを求めることができた．式 (6.1.1) の表現では，

$$K_P = c_1 = 8.6638 \tag{7.2.13}$$

$$T_I = \frac{K_P}{c_0} = \frac{8.6638}{2.2910} = 3.7818 \tag{7.2.14}$$

$$T_D = \frac{c_2}{K_P} = \frac{3.5419}{8.6638} = 0.4088 \tag{7.2.15}$$

となる． ◀

─【演習 7.12】（制御系の性能評価）─────────────

演習 7.10 と演習 7.11 において設計した PID 制御系の性能評価をせよ．

解 目標値をステップ状に変化させたときの PID 制御系の時間応答を図 7.6 に示す．

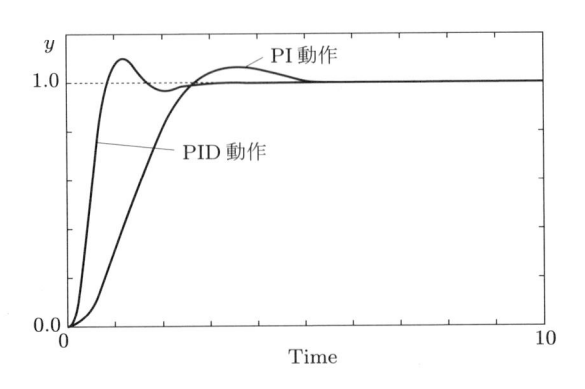

図 7.6 PID 制御系の目標値追従性能

PI 動作は，PID 動作に比べて D 動作がないために，速い応答は実現できていないものの，十分な制御性能を発揮できていることがわかる．

また，操作端に単位ステップ状の外乱が印加されたときのフィードバック制御系の時間応答を図 7.7 に示す．この図において，Process は，図 7.5 に示した制御対象自身の単位ステップ応答である．

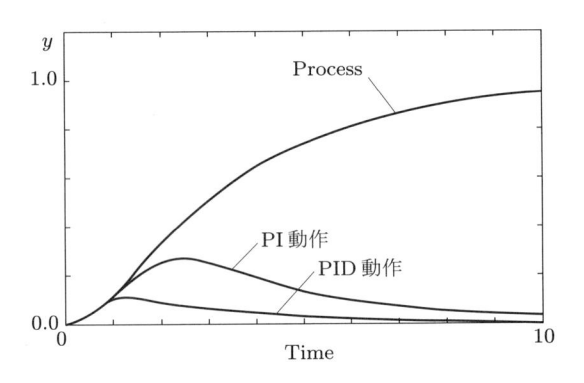

図 7.7 PID 制御系の外乱抑制性能

さらに，この PID 制御系の一巡伝達関数は，PI 動作，PID 動作それぞれ

$$G_p(s)G_c(s) = \frac{2.62s + 0.780}{0.0256s^5 + 0.448s^4 + 2.4s^3 + 4s^2 + s} \tag{7.2.16}$$

$$G_p(s)G_c(s) = \frac{3.542s^2 + 8.664s + 2.291}{0.0256s^5 + 0.448s^4 + 2.4s^3 + 4s^2 + s} \tag{7.2.17}$$

であって，極は同じで零点が異なる．そこで，一巡周波数応答のボード線図を図 7.8 に示す．この図から，PI 動作においては，ゲイン交差角周波数 0.72 [rad/s]，位相余裕 63 [deg]，

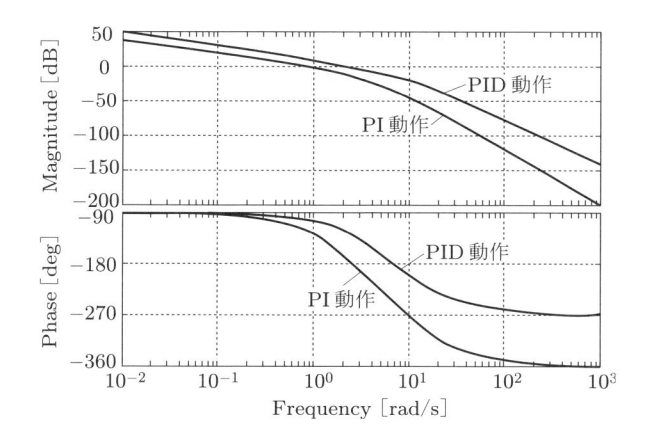

図 **7.8** PID 制御系一巡周波数応答のボード線図

ゲイン余裕 15.9 [dB] であることが読み取れる．また，PID 動作ではそれぞれ，2.2 [rad/s]，60 [deg]，15.7 [dB] であって，安定余裕はほぼ同じ値でありながらゲイン交差角周波数が高周波帯域に移動していることがわかる．

また，PID 制御系のフィードバック周波数応答のボード線図を図 7.9 に示す．これから，カットオフ角周波数は，PI 動作が 1.4 [rad/s] であるのに対して PID 動作では 3.9 [rad/s] であり，応答特性の改善を確認することができる．

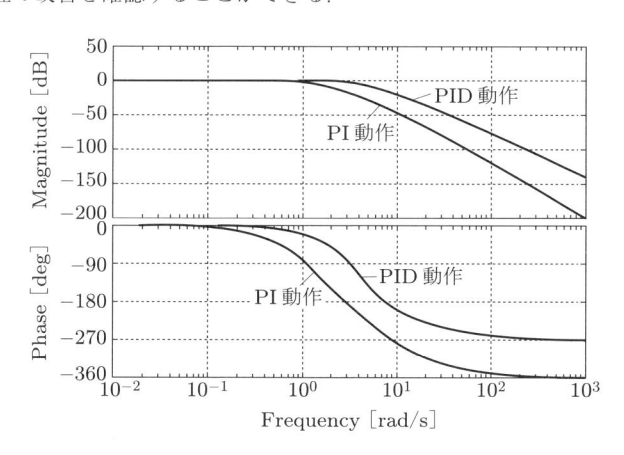

図 **7.9** PID フィードバック制御系周波数応答のボード線図

【演習 7.13】（制御対象）

制御対象

$$G_p(s) = \frac{1}{1+s} \cdot \frac{12 - 6 \times 0.5s + 0.5^2 s^2}{12 + 6 \times 0.5s + 0.5^2 s^2} \tag{7.2.18}$$

の動特性を調べよ.

解 制御対象は，パディ近似したむだ時間 0.5 を含んだ立ち上がり時間 1.0 の 1 次遅れ系である．制御対象自身のステップ応答を図 7.10 に示す．

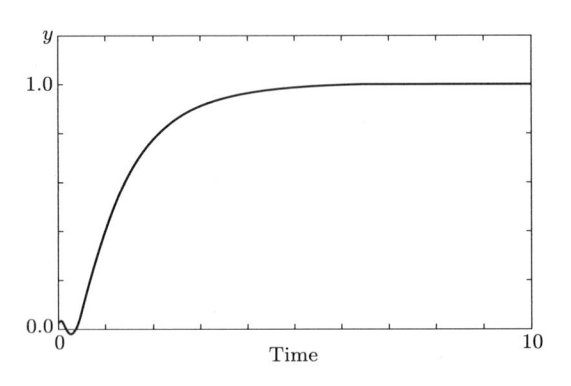

図 **7.10** 制御対象 (7.2.18) のステップ応答

◀

---【演習 7.14】（制御系の設計）---

制御対象 (7.2.18) に対し，参照モデルの係数列を演習 7.2 の式 (7.1.3) として PID 制御系を PI 動作と PID 動作で設計せよ．

解 PI 動作の制御装置の構造は

$$\frac{c(s)}{s} = \frac{c_0 + c_1 s}{s} \tag{7.2.19}$$

である．方程式 (7.1.27) は

$$0.1\sigma^2 - 0.75\sigma + 0.625 = 0 \tag{7.2.20}$$

となり，この解は，6.5451, 0.9549 であるから，正の最小解として，$\sigma = 0.9549$ を得る．この σ を使って式 (7.1.23) と式 (7.1.24) から c_0 と c_1 を計算する．

$$c_0 = h_0/\sigma = 1.0472 \tag{7.2.21}$$

$$c_1 = h_1/\sigma - \alpha_2 h_0 = 1.0708 \tag{7.2.22}$$

前章の式 (6.1.1) の表現であれば，

$$K_P = c_1 = 1.0708 \tag{7.2.23}$$

$$T_I = K_P/c_0 = 1.0226 \tag{7.2.24}$$

である．

つぎに PID 動作で設計しよう．制御装置の構造は

$$\frac{c(s)}{s} = \frac{c_0 + c_1 s + c_2 s^2}{s} \tag{7.2.25}$$

である．方程式 (7.1.28) は

$$0.005\sigma^3 - 0.15\sigma^2 + 0.3125\sigma - 0.1458 = 0 \tag{7.2.26}$$

となる．この方程式の解は, 27.789, 1.5215, 0.6898 であるから, 正の最小解として, $\sigma = 0.6898$ を得る．この σ を使って式 (7.1.23)〜(7.1.25) から c_0, c_1, c_2 を計算する．

$$c_0 = h_0/\sigma = 1.4497 \tag{7.2.27}$$

$$c_1 = h_1/\sigma - \alpha_2 h_0 = 1.6745 \tag{7.2.28}$$

$$c_2 = h_2/\sigma - \alpha_2 h_1 + (\alpha_2{}^2 - \alpha_3)h_0\sigma = 0.2250 \tag{7.2.29}$$

式 (6.1.1) の表現では,

$$K_P = c_1 = 1.6745 \tag{7.2.30}$$

$$T_I = K_P/c_0 = 1.1551 \tag{7.2.31}$$

$$T_D = c_2/K_P = 0.1344 \tag{7.2.32}$$

となる． ◀

【演習 7.15】（制御系の性能評価）

演習 7.14 において設計した PID 制御系の性能評価をせよ．

解 目標値をステップ状に変化させたとき，および操作端に単位ステップ状の外乱が印加したときの PID 制御系の時間応答を図 7.11 と図 7.12 に示す．

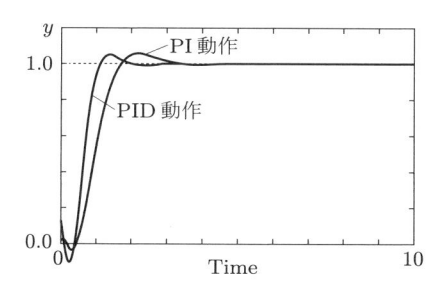

図 **7.11** PID 制御系の目標値追従性能

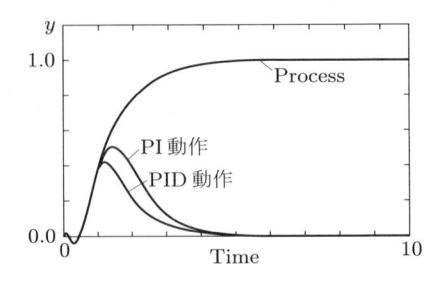

図 7.12 PID 制御系の外乱抑制性能

大差はないが，PID 動作のほうが制御性能にすぐれていることがわかる．さらに，この PID 制御系の一巡伝達関数は，PI 動作，PID 動作それぞれ

$$G_p(s)G_c(s) = \frac{0.2677s^3 - 2.951s^2 + 9.708s + 12.57}{0.25s^4 + 3.25s^3 + 15s^2 + 12s} \tag{7.2.33}$$

$$G_p(s)G_c(s) = \frac{0.0563s^4 - 0.2565s^3 - 1.961s^2 + 15.75s + 17.4}{0.25s^4 + 3.25s^3 + 15s^2 + 12s} \tag{7.2.34}$$

と求められる．これらのボード線図を図 7.13 に示す．

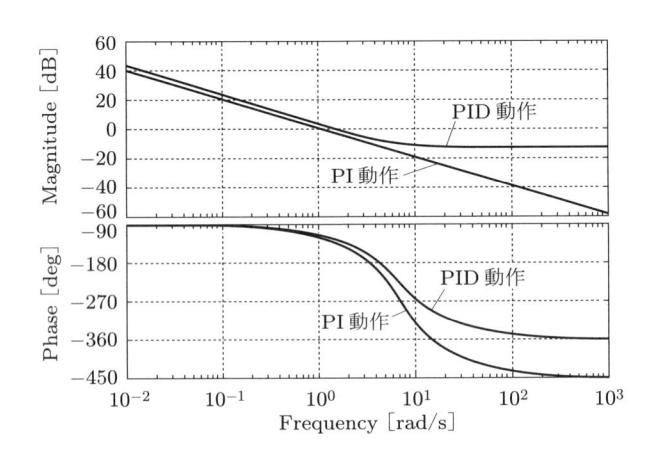

図 7.13 PID 制御系一巡周波数応答のボード線図

この図から，PI 動作においては，ゲイン交差角周波数 1.1 [rad/s]，位相余裕 60 [deg]，ゲイン余裕 9.5 [dB] であることが読み取れる．また，PID 動作ではそれぞれ，1.5 [rad/s]，61 [deg]，8.1 [dB] であって，安定余裕をほぼ同じ値に保ちつつ，ゲイン交差角周波数をわずかではあるが，高周波帯域に移動していることがわかる．

図 7.14 は，PID 制御系のフィードバック周波数応答のボード線図である．これから，カットオフ角周波数は，PI 動作が 2.5 [rad/s] であるのに対して PID 動作では 4.3 [rad/s] であり，応答特性の改善を確認することができる．

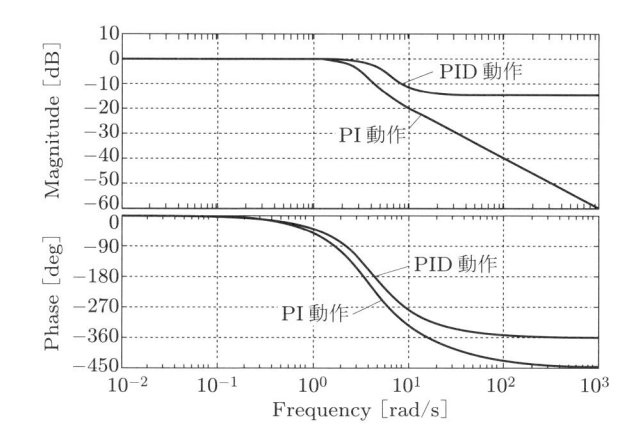

図 **7.14** PID フィードバック制御系周波数応答のボード線図

【演習 7.16】（制御対象）

制御対象
$$G_p(s) = \frac{1}{1 + 0.125s + 2.4s^2 + 0.448s^3 + 0.0256s^4} \quad (7.2.35)$$
の動特性を調べよ．

解 制御対象は，0.3746，$1.063 \pm j15.43$ の極をもつ不安定な振動系である．制御対象自身のステップ応答を図 7.15 に示す．

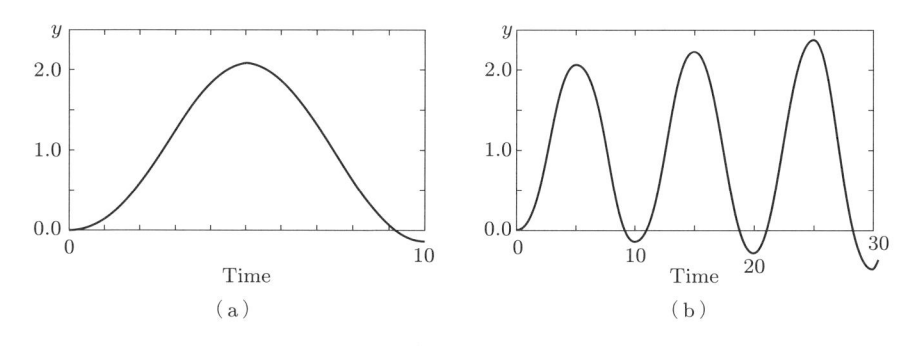

(a)

(b)

図 **7.15** 制御対象 (7.2.35) のステップ応答

上の図において，図 (a) と図 (b) は，時間軸を違えただけである．振幅が少しずつ大きくなっていくことがよくわかる．

【演習 7.17】（制御系の設計）

制御対象 (7.2.35) に対し，参照モデルの係数列を演習 7.2 の式 (7.1.3) として PID 制御系を PI 動作と PID 動作で設計せよ．

解 まず，PI 動作で設計する．方程式 (7.1.27) は

$$0.1\sigma^2 - 0.0625\sigma + 2.4 = 0 \tag{7.2.36}$$

となり，この解は，$0.3125 \pm j4.889$ であるから，正の解は存在しない．

つぎに PID 動作で設計しよう．方程式 (7.1.28) は

$$0.005\sigma^3 - 0.0125\sigma^2 + 1.2\sigma - 0.448 = 0 \tag{7.2.37}$$

となる．この方程式の解は，$1.0627 \pm j15.430, \ 0.3746$ であるから，正の最小解として，$\sigma = 0.3746$ を得る．この σ を使って式 (7.1.23)〜(7.1.25) から c_0, c_1, c_2 を計算する．

$$c_0 = h_0/\sigma = 2.6695 \tag{7.2.38}$$

$$c_1 = h_1/\sigma - \alpha_2 h_0 = -0.1663 \tag{7.2.39}$$

$$c_2 = h_2/\sigma - \alpha_2 h_1 + (\alpha_2{}^2 - \alpha_3)h_0\sigma = 6.3818 \tag{7.2.40}$$

式 (6.1.1) の表現では，

$$K_P = c_1 = -0.1663 \tag{7.2.41}$$

$$T_I = K_P/c_0 = -0.0623 \tag{7.2.42}$$

$$T_D = c_2/K_P = -38.37 \tag{7.2.43}$$

となる． ◀

【演習 7.18】（制御系の性能評価）

演習 7.17 において設計した PID 制御系の性能評価をせよ．

解 目標値をステップ状に変化させたとき，および操作端に単位ステップ状の外乱が印加したときの PID 制御系の時間応答を，図 7.16 と図 7.17 に示す．

図 7.16 と図 7.17 は，PID 動作によるフィードバック制御系の時間応答である．図 (a) では不安定な振動系 (7.2.35) の安定化に成功したように見えるものの，実は安定化できていないことが図 (b) でわかる．フィードバック制御系の伝達関数は

$$W(s) = \frac{G_p(s)G_c(s)}{1 + G_p(s)G_c(s)}$$

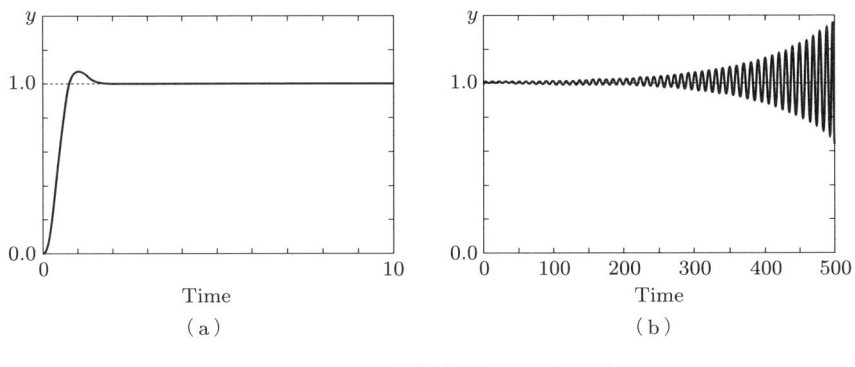

図 7.16 PID 制御系の目標値追従性能

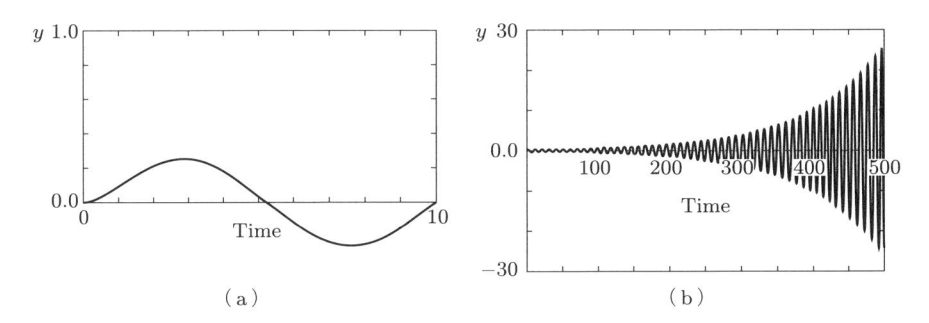

図 7.17 PID 制御系の外乱抑制性能

$$= \frac{6.38s^2 - 0.166s + 2.67}{0.0256s^5 + 0.448s^4 + 2.4s^3 + 6.51s^2 + 0.834s + 2.67} \quad (7.2.44)$$

となるので，この極を計算すると

$$-11.10,\ -3.213 \pm j3.484,\ 0.0134 \pm j0.6465$$

を得る．実部が正の極が存在することから，フィードバック制御系は不安定であることが確認できる． ◀

上の演習において，不安定な振動系 (7.2.35) を安定化することはできなかった．本章のまえがきに，部分的モデルマッチング法は，エネルギー散逸が大きくて応答が非振動的な制御対象に対しては，設計目的にとって必要最小限の動特性に関する知識ですぐれた制御系を設計することができるので，プロセス制御の分野に適していると述べた．

実は，振動系は部分的モデルマッチング法が不得意とする制御対象である．以下では，あえて振動系に対して設計を試みる．

【演習 7.19】（制御対象）

制御対象
$$G_p(s) = \frac{1}{1 + 2.6s + 3.68s^2 + 2.6s^3 + s^4} \quad (7.2.45)$$
の動特性を調べよ．

解 制御対象は，振動系である．制御対象自身のステップ応答を図 7.18 に示す．

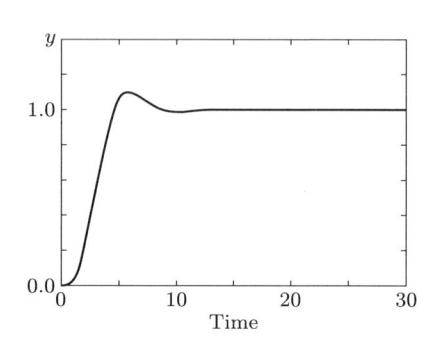

図 7.18 制御対象 (7.2.45) のステップ応答

時間応答波形からは，ほとんど振動をみることができない． ◀

【演習 7.20】（制御系の設計）

制御対象 (7.2.45) に対し，参照モデルの係数列を演習 7.2 の式 (7.1.3) として，PID 制御系を PI 動作と PID 動作で設計せよ．

解 まず，PI 動作で設計する．方程式 (7.1.27) は
$$0.1\sigma^2 - 1.3\sigma + 3.68 = 0 \quad (7.2.46)$$
となり，この解は，8.835, 4.166 であるから，正の最小解として，$\sigma = 4.166$ を得る．この σ を使って，式 (7.1.23) と式 (7.1.24) から c_0 と c_1 を計算する．

$$c_0 = 0.2401 \quad (7.2.47)$$
$$c_1 = 0.1242 \quad (7.2.48)$$

前章の式 (6.1.1) の表現であれば，

$$K_P = 0.1242 \quad (7.2.49)$$
$$T_I = 0.5173 \quad (7.2.50)$$

である.

つぎに PID 動作で設計しよう. 方程式 (7.1.28) は

$$0.005\sigma^3 - 0.26\sigma^2 + 1.84\sigma - 2.6 = 0 \tag{7.2.51}$$

となる. この方程式の解は, 43.88, 6.207, 1.909 であるから, 正の最小解として, $\sigma = 1.909$ を得る. この σ を使って式 (7.1.23)〜(7.1.25) から c_0, c_1, c_2 を計算する.

$$c_0 = 0.5238 \tag{7.2.52}$$
$$c_1 = 0.8618 \tag{7.2.53}$$
$$c_2 = 0.8184 \tag{7.2.54}$$

式 (6.1.1) の表現では,

$$K_P = 0.8618 \tag{7.2.55}$$
$$T_I = 1.6454 \tag{7.2.56}$$
$$T_D = 0.9496 \tag{7.2.57}$$

となる. ◀

【演習 7.21】（制御系の性能評価）

演習 7.20 において設計した PID 制御系の性能評価をせよ.

解 目標値をステップ状に変化させたとき, および操作端に単位ステップ状の外乱を印加したときの PID 制御系の時間応答を図 7.19 と図 7.20 に示す.

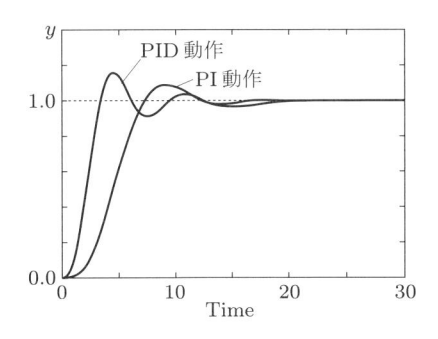

図 **7.19** PID 制御系の目標値追従性能

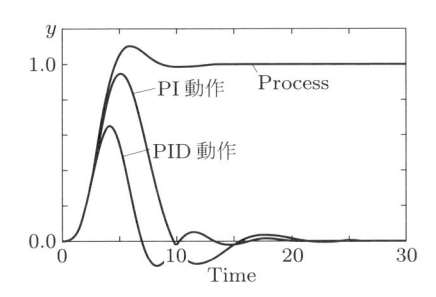

図 **7.20** PID 制御系の外乱抑制性能

この PID 制御系の一巡伝達関数は, PI 動作, PID 動作それぞれ

$$G_p(s)G_c(s) = \frac{0.1242s + 0.2401}{s^5 + 2.6s^4 + 3.68s^3 + 2.6s^2 + s} \tag{7.2.58}$$

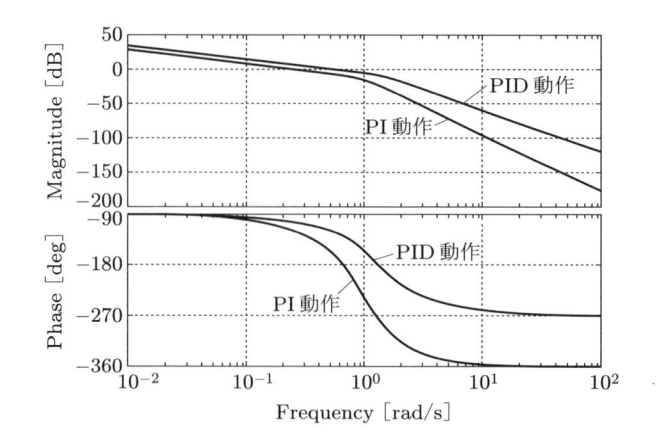

図 7.21 PID 制御系一巡周波数応答のボード線図

$$G_p(s)G_c(s) = \frac{0.8184s^2 + 0.8618s + 0.5238}{s^5 + 2.6s^4 + 3.68s^3 + 2.6s^2 + s} \tag{7.2.59}$$

と求められる．これらのボード線図を図 7.21 に示す．

この図から，PI 動作においては，ゲイン交差角周波数 0.23 [rad/s]，位相余裕 62 [deg]，ゲイン余裕 9.3 [dB] であることが読み取れる．また，PID 動作ではそれぞれ，0.53 [rad/s]，60 [deg]，8.2 [dB] であって，安定余裕をほぼ同じ値に保ちつつ，ゲイン交差角周波数を高周波帯域に移動していることがわかる．

また，図 7.22 は PID 制御系のフィードバック周波数応答のボード線図である．これから，カットオフ角周波数は，PI 動作が 0.57 [rad/s] であるのに対して，PID 動作では 1.2 [rad/s] であり，応答特性の改善を確認することができる．

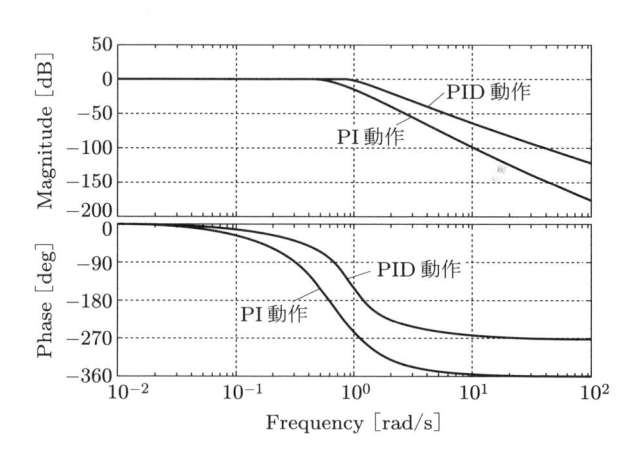

図 7.22 PID フィードバック制御系周波数応答のボード線図

続いて，もう少し振動性の強い制御対象を扱ってみよう．

【演習 7.22】（制御対象）

制御対象
$$G_p(s) = \frac{1}{1 + 2.1s + 3.08s^2 + 2.1s^3 + s^4} \tag{7.2.60}$$
の動特性を調べよ．

解 制御対象は，振動系である．制御対象自身のステップ応答を図 7.23 に示す．

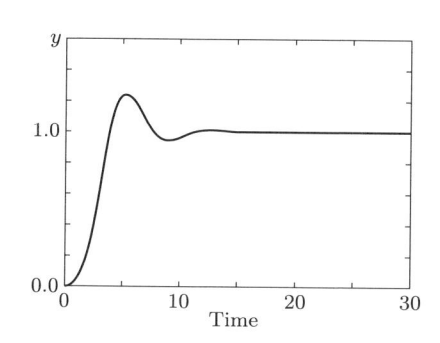

図 7.23 制御対象 (7.2.60) のステップ応答

【演習 7.23】（制御系の設計）

制御対象 (7.2.35) に対し，参照モデルの係数列を演習 7.2 の式 (7.1.3) として PID 制御系を PI 動作と PID 動作で設計せよ．

解 まず，PI 動作で設計する．方程式 (7.1.27) は
$$0.1\sigma^2 - 1.05\sigma + 3.08 = 0 \tag{7.2.61}$$
となり，この解は，$5.250 \pm j1.799$ であるから実数解はない．ここでは，σ を設定することとする．これは，部分的モデルマッチングにおいて，できるだけ高次の項まで等しくマッチングさせるべきところを，次数を一つ下げることに相当する．具体的には，式 (7.1.25) の成立を放棄する．フィードバック制御系の立ち上がり時間を $\sigma = 4.0$ に設定して式 (7.1.23) と式 (7.1.24) から c_0 と c_1 を計算する．

$$c_0 = 0.250 \tag{7.2.62}$$
$$c_1 = 0.025 \tag{7.2.63}$$

前章の式 (6.1.1) の表現であれば，

$$K_P = 0.025 \tag{7.2.64}$$

$$T_I = 0.100 \tag{7.2.65}$$

である．

つぎに PID 動作で設計しよう．方程式 (7.1.28) は

$$0.005\sigma^3 - 0.21\sigma^2 + 1.54\sigma - 2.1 = 0 \tag{7.2.66}$$

となる．この方程式の解は，33.07, 7.154, 1.775 であるから，正の最小解として，$\sigma = 1.775$ を得る．この σ を使って式 (7.1.23)〜(7.1.25) から c_0, c_1, c_2 を計算する．

$$c_0 = 0.5633 \tag{7.2.67}$$

$$c_1 = 0.6830 \tag{7.2.68}$$

$$c_2 = 0.8625 \tag{7.2.69}$$

式 (6.1.1) の表現では，

$$K_P = 0.6830 \tag{7.2.70}$$

$$T_I = 1.2124 \tag{7.2.71}$$

$$T_D = 1.2629 \tag{7.2.72}$$

となる．

PI 動作においては，方程式を解くことで σ を決定することができなかったため，適当な値を設定した．これに対して，PID 動作では，方程式の解は三つとも実数であって，それらのうちで正の最小のものを採用することで所望の制御系を設計することができた．◀

【演習 7.24】（制御系の性能評価）

演習 7.23 において設計した PID 制御系の性能評価をせよ．

解 目標値をステップ状に変化させたとき，および操作端に単位ステップ状の外乱が印加したときの PID 制御系の時間応答を，図 7.24 と図 7.25 に示す．

この PID 制御系の一巡伝達関数は，PI 動作，PID 動作それぞれ

$$G_p(s)G_c(s) = \frac{0.025s + 0.25}{s^5 + 2.1s^4 + 3.08s^3 + 2.1s^2 + s} \tag{7.2.73}$$

$$G_p(s)G_c(s) = \frac{0.8625s^2 + 0.683s + 0.5633}{s^5 + 2.1s^4 + 3.08s^3 + 2.1s^2 + s} \tag{7.2.74}$$

と求められる．これらのボード線図を図 7.26 に示す．

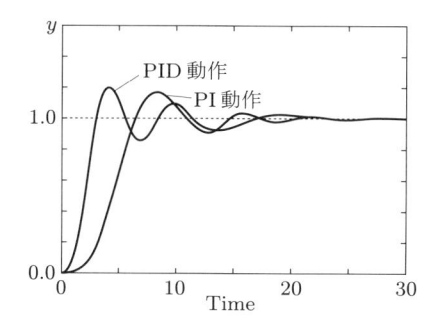

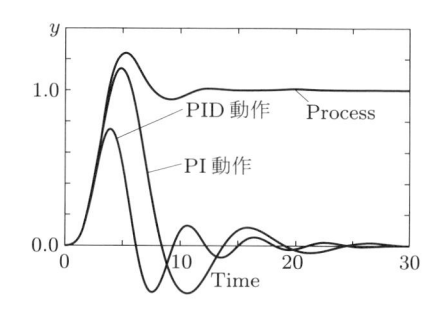

図 **7.24** PID 制御系の目標値追従性能   　図 **7.25** PID 制御系の外乱抑制性能

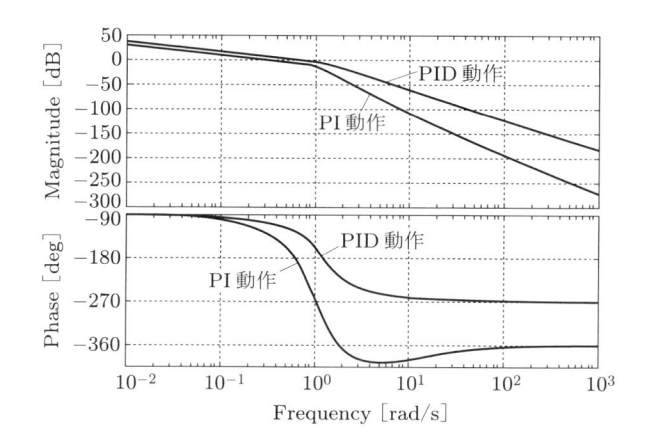

図 **7.26** PID 制御系一巡周波数応答のボード線図

　この図から，PI 動作においては，ゲイン交差角周波数 0.27 [rad/s]，位相余裕 59 [deg]，ゲイン余裕 6.5 [dB] であることが読み取れる．また，PID 動作ではそれぞれ，0.6 [rad/s]，61 [deg]，6.2 [dB] であって，安定余裕をほぼ同じ値に保ちつつ，ゲイン交差角周波数を高周波帯域に移動していることがわかる．

　図 7.27 は，PID 制御系のフィードバック周波数応答のボード線図である．これから，カットオフ角周波数は，PI 動作が 0.69 [rad/s] であるのに対して，PID 動作で 1.3 [rad/s] であり，応答特性の改善を確認することができる．

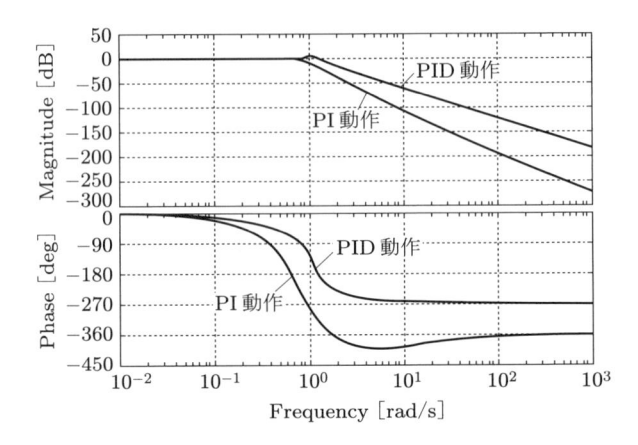

図 7.27 PID フィードバック制御系周波数応答のボード線図

7.3　部分的モデルマッチング法による I-PD 制御

I 動作の直列補償器と PD 動作のフィードバック補償器からなる制御装置によって構成される図 7.28 に示す制御系は，I-PD 制御系とよばれる．

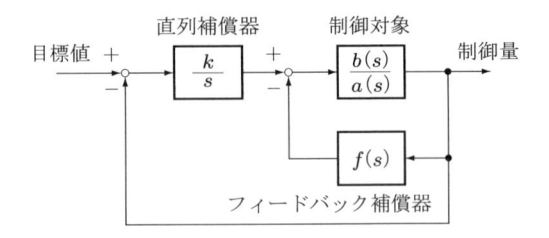

図 7.28 I-PD 制御系

PD 動作の微分の次数を上げていけば，状態変数表現のサーボ系の構造となる．その意味で，フィードバック補償器を

$$f(s) = f_0 + f_1 s + f_2 s^2 + f_3 s^3 + \cdots \tag{7.3.1}$$

のように，高次の微分も考慮した形式で表しておく．

図 7.28 の I-PD 制御系を部分的モデルマッチング法により設計する．設計問題は，本章の第 1 節にまとめたものと同じである．

7.3 部分的モデルマッチング法による I-PD 制御

【演習 7.25】（フィードバック系の伝達関数）

図 7.28 に示す I-PD 制御系の伝達関数を求めよ．

解 演習 7.6 にならって制御対象を分母系列表現にする．

$$G_p(s) = \frac{b(s)}{a(s)} = \frac{1}{h(s)} = \frac{1}{h_0 + h_1 s + h_2 s^2 + h_3 s^3 + \cdots} \tag{7.3.2}$$

内側のフィードバックループを一つのブロックで表そう．

$$\frac{\frac{b(s)}{a(s)}}{1 + \frac{b(s)}{a(s)} f(s)} = \frac{1}{h(s) + f(s)} \tag{7.3.3}$$

であるから，図 7.29 のようになる．

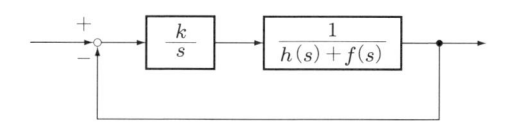

図 7.29 等価交換された I-PD 制御系ブロック線図

したがって，フィードバック系の目標値から制御量までの伝達関数は

$$W(s) = \frac{\frac{k}{s\{h(s)+f(s)\}}}{1 + \frac{k}{s\{h(s)+f(s)\}}} = \frac{1}{1 + \frac{s}{k}\{h(s)+f(s)\}} \tag{7.3.4}$$

と求められる． ◀

【演習 7.26】（モデルマッチング式）

参照モデルと I-PD 制御系のモデルマッチング式を求めよ．

解 式 (7.3.4) と参照モデル (7.1.2) を等しいとおくことにより，つぎの関係式を得る．

$$1 + \frac{s}{k}\{h(s) + f(s)\} = \alpha(s) \tag{7.3.5}$$

上式に使われている三つの多項式を再掲しておく．

$$h(s) = h_0 + h_1 s + h_2 s^2 + h_3 s^3 + \cdots \tag{7.3.6}$$

$$f(s) = f_0 + f_1 s + f_2 s^2 + f_3 s^3 + \cdots \tag{7.3.7}$$

$$\alpha(s) = 1 + \sigma s + \alpha_2 \sigma^2 s^2 + \alpha_3 \sigma^3 s^3 + \cdots \tag{7.3.8}$$

◀

【演習 7.27】（制御装置について解く）

演習 7.26 の式 (7.3.5) を，k と $f(s)$ について解け．

解 式 (7.3.6)〜(7.3.8) を式 (7.3.5) に代入する．

$$1 + \frac{h_0+f_0}{k}s + \frac{h_1+f_1}{k}s^2 + \frac{h_2+f_2}{k}s^3 + \cdots$$
$$= 1 + \sigma s + \alpha_2\sigma^2 s^2 + \alpha_3\sigma^3 s^3 + \cdots \tag{7.3.9}$$

この式は s に関する恒等式であるから，係数比較法により，次式が成り立たなくてはならない．

$$\frac{h_0+f_0}{k} = \sigma \tag{7.3.10}$$

$$\frac{h_1+f_1}{k} = \alpha_2\sigma^2 \tag{7.3.11}$$

$$\frac{h_2+f_2}{k} = \alpha_3\sigma^3 \tag{7.3.12}$$

$$\frac{h_3+f_3}{k} = \alpha_4\sigma^4 \tag{7.3.13}$$

$$\frac{h_4+f_4}{k} = \alpha_5\sigma^5 \tag{7.3.14}$$

$$\cdots$$

以上が，パラメータが満たすべき連立方程式である． ◀

【演習 7.28】（I-PD 制御系設計公式）

演習 7.27 の結果から I-PD 制御系の設計公式を導出せよ．

解 s の低次から順に制御装置の複雑さに対応した次数までマッチングを行うという設計思想は，演習 7.8 で習得した PID 制御系設計の場合と同様である．

(1) I-P 動作：

調整できるパラメータは，σ, k, f_0 の三つであるから，式 (7.3.10)〜(7.3.12) の三つの式を成立させることができる．式 (7.3.11) と式 (7.3.12) には，I-P 動作では使わないパラメータである f_1 と f_2 が含まれるから，これらをゼロとおく．

$$h_0 + f_0 = k\sigma \tag{7.3.15}$$

$$h_1 = \alpha_2 k\sigma^2 \tag{7.3.16}$$

$$h_2 = \alpha_3 k\sigma^3 \tag{7.3.17}$$

式 (7.3.15)〜(7.3.17) の連立方程式を σ, k, f_0 について解く．まず，式 (7.3.16) と式 (7.3.17)

の辺々を割り算すると

$$\frac{h_1}{h_2} = \frac{\alpha_2}{\alpha_3} \cdot \frac{1}{\sigma} \tag{7.3.18}$$

となる．上式には調整できるパラメータ σ, k, f_0 の三つのうち，σ しか含まれていない．よって，σ はこの式から決定することができる．

$$\sigma = \frac{\alpha_2 h_2}{\alpha_3 h_1} \tag{7.3.19}$$

σ が求まれば，これを使って式 (7.3.16) から k を計算できる．

$$k = \frac{h_1}{\alpha_2 \sigma^2} \tag{7.3.20}$$

ここまでで，σ と k が決定した．これらを使って式 (7.3.15) から f_0 を求める．

$$f_0 = k\sigma - h_0 \tag{7.3.21}$$

式 (7.3.19)〜(7.3.21) がパラメータの算出式であり，上から順番に計算することに注意したい．

(2) I-PD 動作:

調整できるパラメータは，σ, k, f_0, f_1 の四つであるから，式 (7.3.10)〜(7.3.13) の四つの式を成立させることができる．式 (7.3.12) と式 (7.3.13) には，I-PD 動作では使わないパラメータである f_2 と f_3 が含まれるから，これらをゼロとおく．

$$h_0 + f_0 = k\sigma \tag{7.3.22}$$

$$h_1 + f_1 = \alpha_2 k \sigma^2 \tag{7.3.23}$$

$$h_2 = \alpha_3 k \sigma^3 \tag{7.3.24}$$

$$h_3 = \alpha_4 k \sigma^4 \tag{7.3.25}$$

式 (7.3.22)〜(7.3.25) の連立方程式を σ, k, f_0, f_1 について解く．まず，式 (7.3.24) と式 (7.3.25) の辺々を割り算する．

$$\frac{h_2}{h_3} = \frac{\alpha_3}{\alpha_4} \cdot \frac{1}{\alpha} \tag{7.3.26}$$

上式には調整できるパラメータ σ, k, f_0, f_1 の四つのうち，σ しか含まれていない．よって，σ はこの式から決定することができる．

$$\sigma = \frac{\alpha_3 h_3}{\alpha_4 h_2} \tag{7.3.27}$$

σ が求まったので，これを使って式 (7.3.24) から k を計算する．

$$k = \frac{h_2}{\alpha_3 \sigma^3} \tag{7.3.28}$$

ここまでで，四つのパラメータのうち，二つのパラメータ σ と k が決定した．残りの二つは，式 (7.3.22) と式 (7.3.23) から計算できる．

$$f_0 = k\sigma - h_0 \tag{7.3.29}$$
$$f_1 = \alpha_2 k\sigma^2 - h_1 \tag{7.3.30}$$

以上において，I-PD 制御系の設計公式を I-P 動作と I-PD 動作に関してまとめた．I 動作だけの場合や I-PDD^2 動作，さらには I-PDD^{2}D^3 動作に関しても同じ要領で制御系設計公式としてまとめることができる． ◀

7.4　I-PD 制御系設計数値例

I-PD 制御系設計の事例を扱おう．部分的モデルマッチング法は，エネルギー散逸が大きくて応答が非振動的な制御対象に対しては，設計目的にとって必要最小限の動特性に関する知識で，すぐれた制御系を設計することができるので，プロセス制御の分野に適していることは先に述べた．演習 7.29 から演習 7.31 では，そのような特性をもつ制御対象を扱い，I-P 動作，I-PD 動作ともに期待どおりの制御性能を発揮できることを示す．むだ時間系に対しては，演習 7.32 と演習 7.33 で扱い，時定数の半分の長さのむだ時間ならば，部分的モデルマッチング法が適用可能であることを確認する．

演習 7.34 と演習 7.35 は，不安定な振動系が制御対象である．PID 制御系では PI 動作，PID 動作ともに安定化に成功しなかったが，I-PD 動作によるフィードバック制御系は例題で扱った不安定振動系を安定化できることを示す．

演習 7.36 以降は，振動系を対象とする．振動系は，部分的モデルマッチング法が不得意とする制御対象である．振動性が非常に弱ければ何とか適用可能であることを示す．振動系を対象とするときの I-PD 制御系の制御性能は，PID 制御系に比べていくぶん劣ることが明らかになる．

【演習 7.29】（制御系の設計）

4 次遅れ系の制御対象 (7.2.1) に対し，参照モデルの係数列を演習 7.2 の式 (7.1.3) として I-PD 制御系を I-P 動作で設計せよ．

解　まず，σ を式 (7.3.19) より計算する．
$$\sigma = \frac{\alpha_2 h_2}{\alpha_3 h_1} = \frac{0.5 \times 2.4}{0.15 \times 4.0} = 2.0 \tag{7.4.1}$$
この σ を使って式 (7.3.20) と式 (7.3.21) から k と f_0 を計算する．
$$k = \frac{h_1}{\alpha_2 \sigma^2} = \frac{4.0}{0.5 \times 2.0^2} = 2.0 \tag{7.4.2}$$
$$f_0 = k\sigma - h_0 = 2.0 \times 2.0 - 1.0 = 3.0 \tag{7.4.3}$$

上記のように，きわめてシステマティックに制御装置のパラメータを求めることができた．

◀

【演習 7.30】（制御系の設計）

制御対象 (7.2.1) に対し，参照モデルの係数列を演習 7.2 の式 (7.1.3) として I-PD 制御系を I-PD 動作で設計せよ．

解 まず，σ と k を式 (7.3.27) と式 (7.3.28) より計算する．

$$\sigma = \frac{\alpha_3 h_3}{\alpha_4 h_2} = \frac{0.15 \times 0.448}{0.03 \times 2.4} = 0.9333 \tag{7.4.4}$$

$$k = \frac{h_2}{\alpha_3 \sigma^3} = \frac{2.4}{0.15 \times 0.9333^3} = 19.681 \tag{7.4.5}$$

つぎに，式 (7.3.29) と式 (7.3.30) を用いて f_0 と f_1 を計算する．

$$f_0 = k\sigma - h_0 = 19.681 \times 0.9333 - 1.0 = 17.369 \tag{7.4.6}$$

$$f_1 = \alpha_2 k\sigma^2 - h_1 = 0.5 \times 19.681 \times 0.9333^2 - 4.0 = 4.5717 \tag{7.4.7}$$

上記のように，きわめてシステマティックに制御装置のパラメータを求めることができた．

◀

【演習 7.31】（制御系の性能評価）

演習 7.29 と演習 7.30 において設計した I-PD 制御系の性能評価をせよ．

解 目標値をステップ状に変化させたときの I-PD 制御系の時間応答を図 7.30 に示す．図 7.6 に示した PID 制御系に比べて少し振動的であり，また，立ち上がり時間の値が大きいため速応性に劣ることがわかる．さらに，操作端に単位ステップ状の外乱が印加されたと

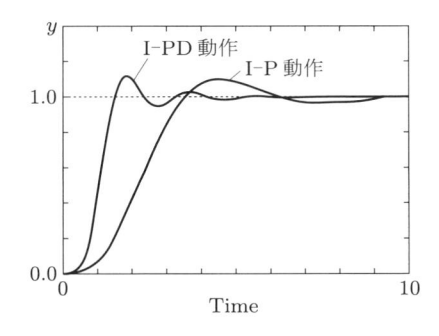

図 **7.30** I-PD 制御系の目標値追従性能

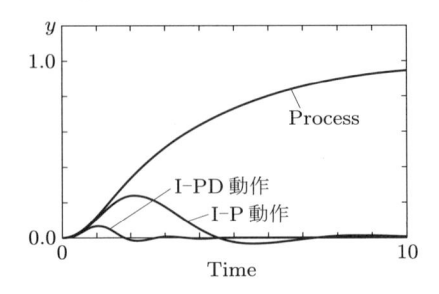

図 **7.31**　I-PD 制御系の外乱抑制性能

きのフィードバック制御系の時間応答を図 7.31 に示す．

この図において，Process は，図 7.5 に示した制御対象自身の単位ステップ応答である．図 7.7 に示した PID 制御系に比べて振動的であることが功を奏して，整定時間が短くなっている．

この I-PD 制御系の一巡伝達関数は，I-P 動作，I-PD 動作それぞれ

$$\frac{k}{s\{h(s)+f(s)\}} = \frac{2}{0.0256s^5 + 0.448s^4 + 2.4s^3 + 4s^2 + 4s} \tag{7.4.8}$$

$$\frac{k}{s\{h(s)+f(s)\}} = \frac{19.68}{0.0256s^5 + 0.448s^4 + 2.4s^3 + 8.572s^2 + 18.37s} \tag{7.4.9}$$

と求められる．これらのボード線図を図 7.32 に示す．

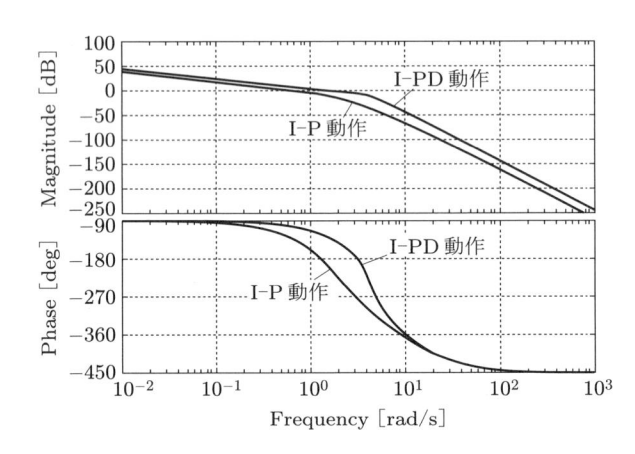

図 **7.32**　I-PD 制御系一巡周波数応答のボード線図

この図から，I-P 動作においては，ゲイン交差角周波数 0.47 [rad/s]，位相余裕 63 [deg]，ゲイン余裕 9.4 [dB] であることが読み取れる．また，I-PD 動作ではそれぞれ，1.0 [rad/s]，64 [deg]，7.1 [dB] であって，安定余裕はほぼ同じ値でありながらゲイン交差角周波数が高周

波帯域に移動していることがわかる．

また，I-PD 制御系のフィードバック周波数応答のボード線図を図 7.33 に示す．これから，カットオフ角周波数は，I-P 動作が 1.2 [rad/s] であるのに対して I-PD 動作では 3.3 [rad/s] であり，応答特性の改善を確認することができる．また，PID 制御系に比べていくぶん，速応性に劣ることが数値的にわかる．

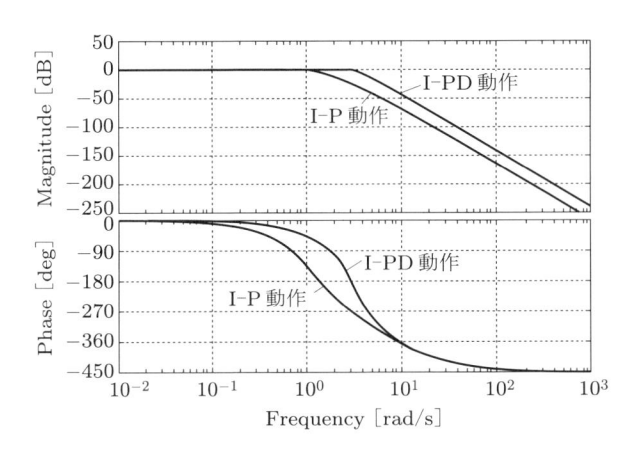

図 7.33 I-PD フィードバック制御系周波数応答のボード線図

【演習 7.32】（制御系の設計）

むだ時間 1 次遅れ系の制御対象 (7.2.18) に対し，参照モデルの係数列を演習 7.2 の式 (7.1.3) として I-PD 制御系を I-P 動作と I-PD 動作で設計せよ．

解　まず，I-P 動作で設計する．σ を式 (7.3.19) より計算する．

$$\sigma = \frac{\alpha_2 h_2}{\alpha_3 h_1} = 1.3889 \tag{7.4.10}$$

この σ を使って式 (7.3.20) と式 (7.3.21) から k と f_0 を計算する．

$$k = \frac{h_1}{\alpha_2 \sigma^2} = 1.5552 \tag{7.4.11}$$

$$f_0 = k\sigma - h_0 = 1.1600 \tag{7.4.12}$$

つぎに，I-PD 動作で設計しよう．σ と k を式 (7.3.27) と式 (7.3.28) より計算する．

$$\sigma = \frac{\alpha_3 h_3}{\alpha_4 h_2} = 1.1667 \tag{7.4.13}$$

$$k = \frac{h_2}{\alpha_3 \sigma^3} = 2.6237 \tag{7.4.14}$$

つぎに，式 (7.3.29) と式 (7.3.30) を用いて f_0 と f_1 を計算する．

$$f_0 = k\sigma - h_0 = 2.0610 \tag{7.4.15}$$
$$f_1 = \alpha_2 k\sigma^2 - h_1 = 0.2857 \tag{7.4.16}$$

【演習 7.33】（制御系の性能評価）

演習 7.32 において設計した I-PD 制御系の性能評価をせよ．

解 目標値をステップ状に変化させたとき，および操作端に単位ステップ状の外乱が印加したときの I-PD 制御系の時間応答を図 7.34 と図 7.35 に示す．

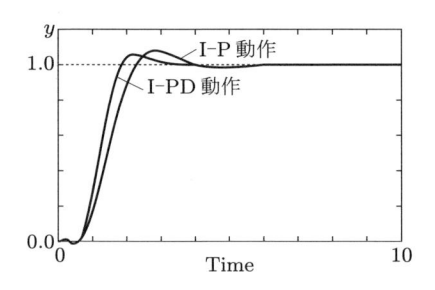

図 7.34 I-PD 制御系の目標値追従性能　　**図 7.35** I-PD 制御系の外乱抑制性能

図 7.34 は，図 7.11 と比べて，逆応答が小さく抑えられている．また，I-P 動作と I-PD 動作では I-PD 動作のほうがいくぶん制御性能にすぐれていることがわかる．さらに，この I-PD 制御系の一巡伝達関数は，I-P 動作，I-PD 動作それぞれ

$$\frac{k}{s\{h(s)+f(s)\}} = \frac{0.3888s^2 - 4.666s + 18.66}{0.25s^4 + 3.54s^3 + 11.52s^2 + 25.92s} \tag{7.4.17}$$

$$\frac{k}{s\{h(s)+f(s)\}} = \frac{0.6559s^2 - 7.871s + 31.48}{0.3214s^4 + 2.908s^3 + 12.24s^2 + 36.73s} \tag{7.4.18}$$

と求められる．これらのボード線図を図 7.36 に示す．

この図から，I-P 動作においては，ゲイン交差角周波数 0.74 [rad/s]，位相余裕 59 [deg]，ゲイン余裕 8.0 [dB] であることが読み取れる．また，I-PD 動作ではそれぞれ，0.90 [rad/s]，61 [deg]，7.3 [dB] であって，安定余裕をほぼ同じ値に保ちつつ，ゲイン交差角周波数をわずかではあるが高周波帯域に移動していることがわかる．

図 7.37 は，I-PD 制御系のフィードバック周波数応答のボード線図である．これから，カットオフ角周波数は，I-P 動作が 2.0 [rad/s] であるのに対して I-PD 動作では 2.8 [rad/s] であり，応答特性の改善を確認することができる．

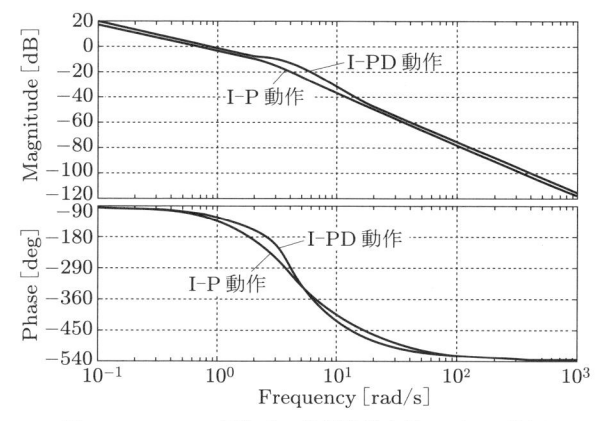

図 **7.36** I-PD 制御系一巡周波数応答のボード線図

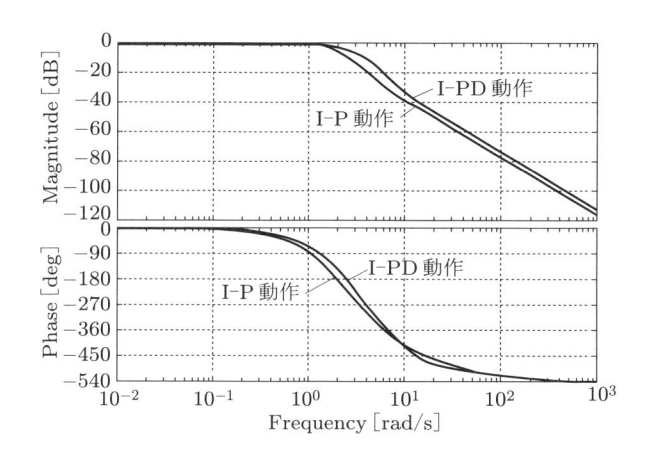

図 **7.37** I-PD フィードバック制御系周波数応答のボード線図

【演習 **7.34**】（制御系の設計）

不安定振動系の制御対象 (7.2.35) に対し，参照モデルの係数列を演習 7.2 の式 (7.1.3) として I-PD 制御系を I-P 動作と I-PD 動作で設計せよ．

解 まず，I-P 動作で設計する．σ を式 (7.3.19) より計算する．

$$\sigma = \frac{\alpha_2 h_2}{\alpha_3 h_1} = 64.0 \tag{7.4.19}$$

この σ を使って式 (7.3.20) と式 (7.3.21) から k と f_0 を計算する．

$$k = \frac{h_1}{\alpha_2 \sigma^2} = 6.104 \times 10^{-5} \tag{7.4.20}$$

$$f_0 = k\sigma - h_0 = -0.9961 \tag{7.4.21}$$

つぎに I-PD 動作で設計しよう．σ と k を式 (7.3.27) と式 (7.3.28) より計算する．

$$\sigma = \frac{\alpha_3 h_3}{\alpha_4 h_2} = 0.9333 \tag{7.4.22}$$

$$k = \frac{h_2}{\alpha_3 \sigma^3} = 19.681 \tag{7.4.23}$$

つぎに式 (7.3.29) と式 (7.3.30) を用いて f_0 と f_1 を計算する．

$$f_0 = k\sigma - h_0 = 17.369 \tag{7.4.24}$$

$$f_1 = \alpha_2 k \sigma^2 - h_1 = 8.4467 \tag{7.4.25}$$

◀

【演習 7.35】（制御系の性能評価）

演習 7.34 において設計した I-PD 制御系の性能評価をせよ．

解　目標値をステップ状に変化させたとき，および操作端に単位ステップ状の外乱が印加したときの I-PD 制御系の時間応答を図 7.38 と図 7.39 に示す．

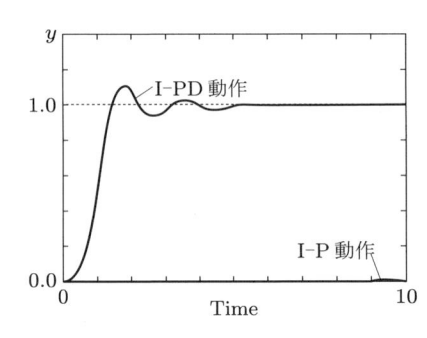

図 7.38　I-PD 制御系の目標値追従性能 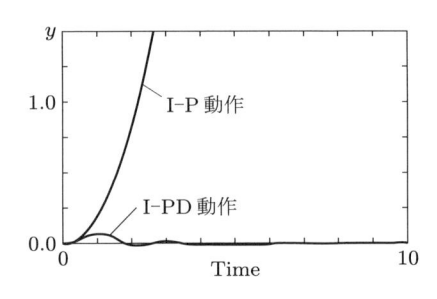　　**図 7.39**　I-PD 制御系の外乱抑制性能

I-PD 動作によるフィードバック制御系は安定である．PID 制御系では PI 動作，PID 動作ともになしえなかった，不安定な制御対象 (7.2.35) の安定化に成功している．ここで気になるのは，I-P 動作である．演習 7.34 における σ は 64.0 であり，とても大きな値であった．そこで上の両図における I-P 動作の時間応答の時間軸を長くしてみよう．

I-P 動作によるフィードバック制御系の伝達関数は

$$W(s) = \frac{1}{1 + \frac{s}{k}\{h(s) + f(s)\}}$$

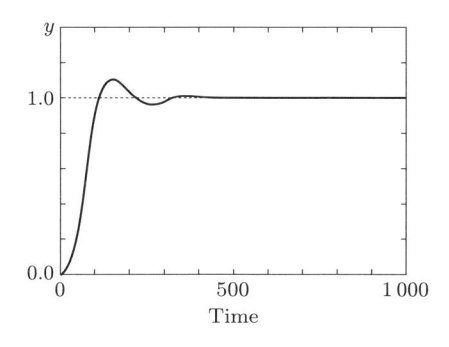

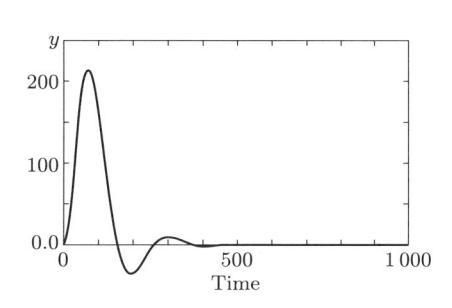

図 **7.40** I-P 動作の目標値追従性能   図 **7.41** I-P 動作の外乱抑制性能

$$= \frac{6.104 \times 10^{-5}}{0.0256s^5 + 0.448s^4 + 2.4s^3 + 0.125s^2 + 0.00391s + 6.104 \times 10^{-5}} \tag{7.4.26}$$

なので，この極は

$$-8.724 \pm j4.090,\ -0.0127 \pm j0.0282,\ -0.0269$$

である．安定には違いないが，虚軸に近い極が3個もあるためにきわめて遅い応答特性であって，設計としては失敗といえよう．一巡伝達関数は I-P 動作，I-PD 動作それぞれ

$$\frac{k}{s\{h(s)+f(s)\}} = \frac{6.104 \times 10^{-5}}{0.0256s^5 + 0.448s^4 + 2.4s^3 + 0.125s^2 + 0.00391s} \tag{7.4.27}$$

$$\frac{k}{s\{h(s)+f(s)\}} = \frac{19.68}{0.0256s^5 + 0.448s^4 + 2.4s^3 + 8.572s^2 + 18.37s} \tag{7.4.28}$$

となり，それらのボード線図を図 7.42 に示す．

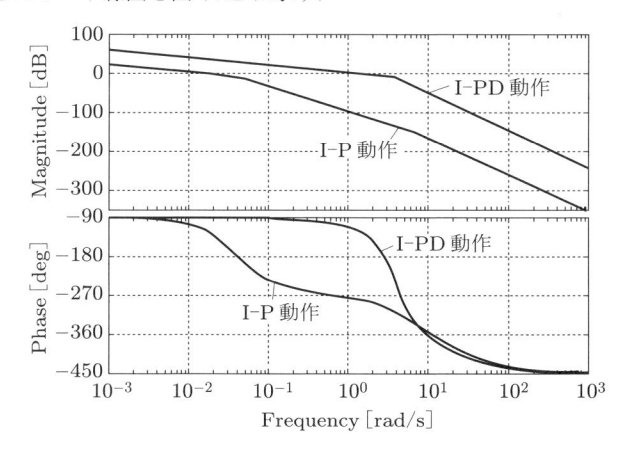

図 **7.42** I-PD 制御系一巡周波数応答のボード線図

この図から，I-P 動作においては，ゲイン交差角周波数 0.015 [rad/s]，位相余裕 61 [deg]，ゲイン余裕 11.1 [dB] であることが読み取れる．また，I-PD 動作ではそれぞれ，1.0 [rad/s]，63 [deg]，6.0 [dB] である．また，図 7.43 は I-PD 制御系のフィードバック周波数応答のボード線図である．これから，カットオフ角周波数は，I-P 動作が 0.033 [rad/s] であるのに対して I-PD 動作では 3.4 [rad/s] であり，大幅な応答特性の改善を確認することができる．

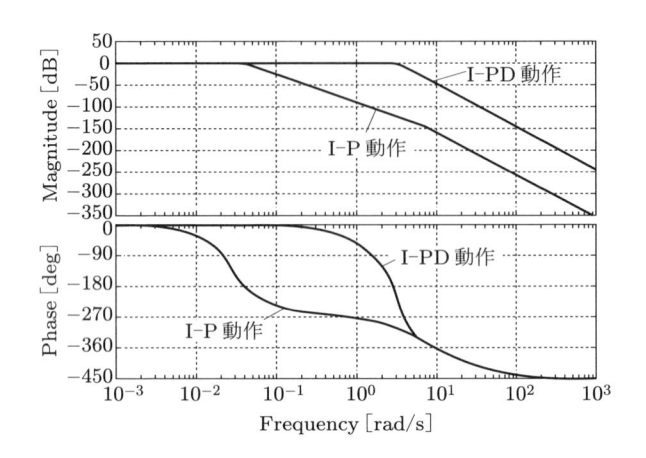

図 **7.43** I-PD フィードバック制御系周波数応答のボード線図

【演習 7.36】（制御系の設計）

弱い振動性の制御対象 (7.2.45) に対し，参照モデルの係数列を演習 7.2 の式 (7.1.3) として，I-PD 制御系を I-P 動作と I-PD 動作で設計せよ．

解 まず，I-P 動作で設計する．σ を式 (7.3.19) より計算する．

$$\sigma = \frac{\alpha_2 h_2}{\alpha_3 h_1} = 4.718 \tag{7.4.29}$$

この σ を使って，式 (7.3.20) と式 (7.3.21) から k と f_0 を計算する．

$$k = \frac{h_1}{\alpha_2 \sigma^2} = 0.2336 \tag{7.4.30}$$

$$f_0 = k\sigma - h_0 = 0.1022 \tag{7.4.31}$$

つぎに，I-PD 動作で設計しよう．σ と k を式 (7.3.27) と式 (7.3.28) より計算する．

$$\sigma = \frac{\alpha_3 h_3}{\alpha_4 h_2} = 3.533 \tag{7.4.32}$$

$$k = \frac{h_2}{\alpha_3 \sigma^3} = 0.5565 \tag{7.4.33}$$

つぎに，式 (7.3.29) と式 (7.3.30) を用いて f_0 と f_1 を計算する．

$$f_0 = k\sigma - h_0 = 0.9659 \tag{7.4.34}$$

$$f_1 = \alpha_2 k\sigma^2 - h_1 = 0.8724 \tag{7.4.35}$$

◀

【演習 7.37】（制御系の性能評価）

演習 7.36 において設計した I-PD 制御系の性能評価をせよ．

解 目標値をステップ状に変化させたとき，および操作端に単位ステップ状の外乱が印加したときの I-PD 制御系の時間応答を図 7.44 と図 7.45 に示す．

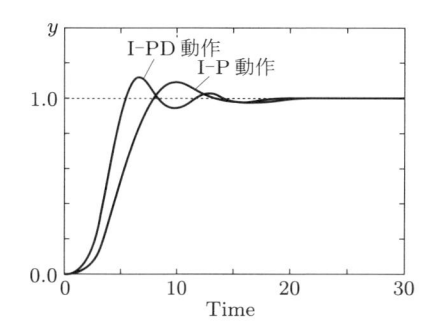

図 7.44 I-PD 制御系の目標値追従性能　　図 7.45 I-PD 制御系の外乱抑制性能

一巡伝達関数は I-P 動作，I-PD 動作それぞれ

$$\frac{k}{s\{h(s)+f(s)\}} = \frac{0.2336}{s^5 + 2.6s^4 + 3.68s^3 + 2.6s^2 + 1.102s} \tag{7.4.36}$$

$$\frac{k}{s\{h(s)+f(s)\}} = \frac{0.5565}{s^5 + 2.6s^4 + 3.68s^3 + 3.472s^2 + 1.966s} \tag{7.4.37}$$

となり，それらのボード線図を図 7.46 に示す．

この図から，I-P 動作においては，ゲイン交差角周波数 0.22 [rad/s]，位相余裕 61 [deg]，ゲイン余裕 8.2 [dB] であることが読み取れる．また，I-PD 動作ではそれぞれ，0.28 [rad/s]，62 [deg]，6.8 [dB] であって，安定余裕はほぼ同じ値でありながらゲイン交差角周波数が高周波帯域に移動していることがわかる．

また，I-PD 制御系のフィードバック周波数応答のボード線図を図 7.47 に示す．これから，カットオフ角周波数は，I-P 動作が 0.53 [rad/s] であるのに対して I-PD 動作では 0.97 [rad/s] であり，応答特性の改善を確認することができる．

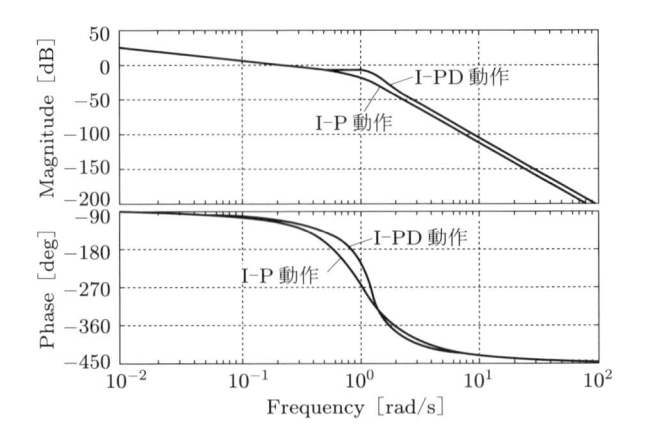

図 **7.46** I-PD 制御系一巡周波数応答のボード線図

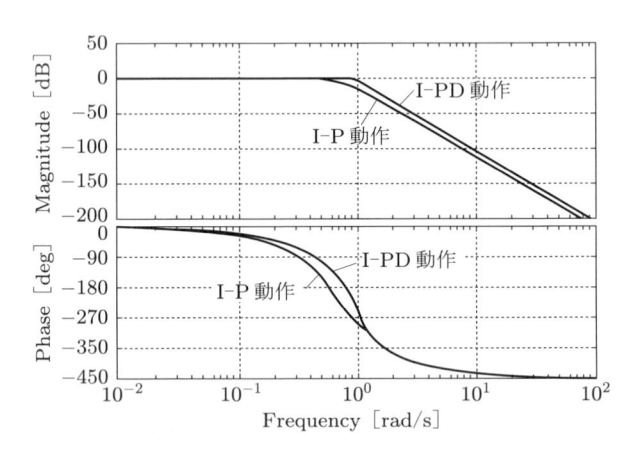

図 **7.47** I-PD フィードバック制御系周波数応答のボード線図

【演習 7.38】（制御系の設計）

強めの振動性の制御対象 (7.2.60) に対し，参照モデルの係数列を演習 7.2 の式 (7.1.3) として I-PD 制御系を I-P 動作と I-PD 動作で設計せよ．

解 まず，I-P 動作で設計する．σ を式 (7.3.19) より計算する．

$$\sigma = 4.889 \tag{7.4.38}$$

この σ を使って，式 (7.3.20) と式 (7.3.21) から k と f_0 を計算する．

$$k = 0.1757 \tag{7.4.39}$$

$$f_0 = -0.1409 \tag{7.4.40}$$

つぎに，I-PD 動作で設計しよう．σ と k を式 (7.3.27) と式 (7.3.28) より計算する．

$$\sigma = 3.409 \tag{7.4.41}$$
$$k = 0.5183 \tag{7.4.42}$$

つぎに式 (7.3.29) と式 (7.3.30) を用いて，f_0 と f_1 を計算する．

$$f_0 = 0.7668 \tag{7.4.43}$$
$$f_1 = 0.9115 \tag{7.4.44}$$

◀

【演習 7.39】（制御系の性能評価）

演習 7.38 において設計した I-PD 制御系の性能評価をせよ．

解 目標値をステップ状に変化させたとき，および操作端に単位ステップ状の外乱が印加したときの I-PD 制御系の時間応答を図 7.48 と図 7.49 に示す．

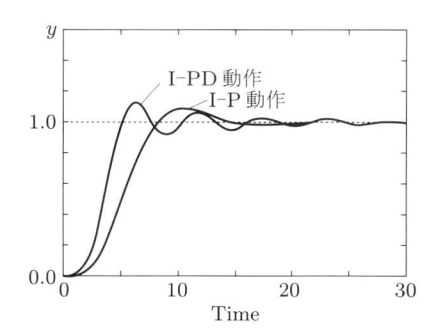

図 7.48 I-PD 制御系の目標値追従性能   図 7.49 I-PD 制御系の外乱抑制性能

一巡伝達関数は I-P 動作，I-PD 動作それぞれ

$$\frac{k}{s\{h(s) + f(s)\}} = \frac{0.1757}{s^5 + 2.1s^4 + 3.08s^3 + 2.1s^2 + 0.8591s} \tag{7.4.45}$$

$$\frac{k}{s\{h(s) + f(s)\}} = \frac{0.5183}{s^5 + 2.1s^4 + 3.08s^3 + 3.012s^2 + 1.767s} \tag{7.4.46}$$

となり，それらのボード線図を図 7.50 に示す．

この図から，I-P 動作においては，ゲイン交差角周波数 0.2 [rad/s]，位相余裕 61 [deg]，ゲイン余裕 8.3 [dB] であることが読み取れる．また，I-PD 動作ではそれぞれ，0.3 [rad/s]，

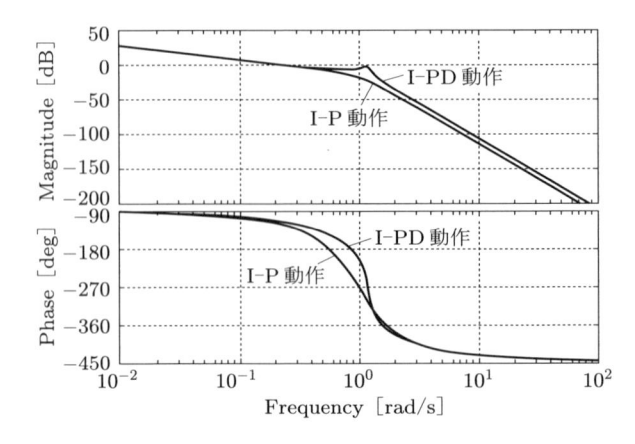

図 **7.50** I-PD 制御系一巡周波数応答のボード線図

61 [deg], 6.8 [dB] であって，安定余裕をほぼ同じ値に保ちつつ，ゲイン交差角周波数をわずかではあるが高周波帯域に移動していることがわかる．

図 7.51 は，I-PD 制御系のフィードバック周波数応答のボード線図である．これから，カットオフ角周波数は，I-P 動作が 0.47 [rad/s] であるのに対して，I-PD 動作では 1.2 [rad/s] であり，応答特性の改善を確認することができる．

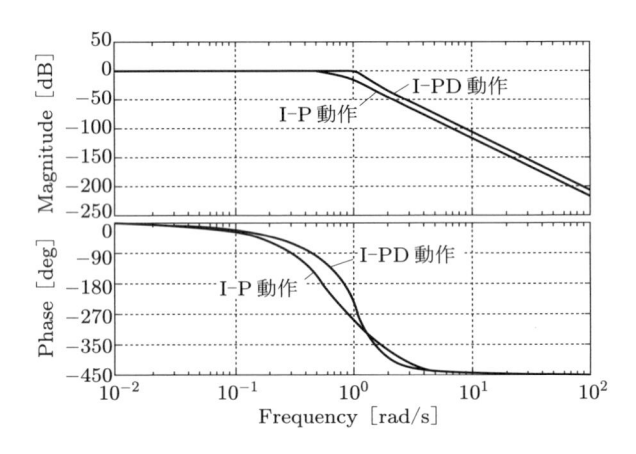

図 **7.51** I-PD フィードバック制御系周波数応答のボード線図

8 ディジタルPID制御

今日では，制御装置のほとんどすべてがディジタル制御装置といっても過言でない．これはプロセス制御の分野においてもいえる．そうであっても，制御対象は連続時間システムであって，制御系全体としては連続時間のベースで稼動している．そこで，ディジタル制御装置を連続時間要素で近似して制御系全体を連続時間システムとみなして，第7章で解説した設計法を適用する．

通常，ディジタル制御装置を設計する場合は，まず，制御対象の離散時間モデルを得る．すなわち，ホルダに入力される離散時間データから，サンプラの出力である離散時間データまでの信号の流れを離散時間システムで表現する．これを制御対象モデルの離散化とよび，離散時間モデルを入手後は，制御系全体を離散時間システムとみなして，離散時間領域での設計法を適用する．

本章で紹介する設計法は，上述の通常手法とは逆に，サンプラ，演算装置，ホルダをセットでとらえて連続時間近似するところが特徴である．これによって，参照モデルはいままで使用したものをそのまま流用することができる．部分的モデルマッチング法によるディジタルPID制御系とディジタルI-PD制御系の設計公式をまとめるのが本章の目的である．

8.1 部分的モデルマッチング法によるディジタルPID制御

制御装置をディジタル計算機で実現するには，演算装置の前後にサンプラとホルダを設けて図8.1の構成にする必要がある．ここで，制御対象は連続時間システムである．このような構成の制御系を，サンプル値制御系あるいはディジタル制御系という．

制御対象は1入力1出力で，つぎの伝達関数で記述されているとする．

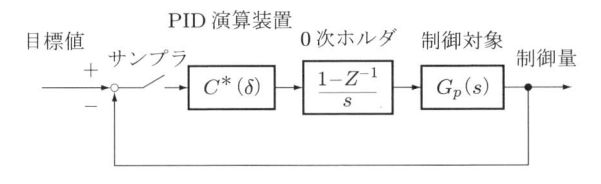

図 **8.1** ディジタルPID制御系

$$G_p(s) = \frac{b_0 + b_1 s + b_2 s^2 + b_3 s^3 + \cdots}{a_0 + a_1 s + a_2 s^2 + a_3 s^3 + \cdots} \tag{8.1.1}$$

上式において，s の低次の係数 a_0, b_0, a_1, b_1 などは比較的正確に測定できているが，s の高次の係数になるに従って雑音などにより，その精度は劣化しているとみなす．

このとき，つぎの設計仕様を満足する制御系の設計問題を考える．
(1) 定常偏差がゼロになること
(2) 適切な減衰特性をもつこと
(3) 上記の仕様を満たしたうえで，立ち上がり時間が最小になること

【演習 8.1】（ディジタル制御装置の連続時間近似表現）

サンプリング周期 τ がゼロの場合もあわせて扱うことのできるように，ディジタル制御装置の表現を工夫したうえで連続時間近似表現を求めよ．

解 シフト演算子，z^{-1} は，$z^{-1} x(k\tau) = x(\overline{k-1}\tau)$ のように，1 サンプル後ろにシフトする演算子である．逆に z を施せば，$zx(k\tau) = x(\overline{k+1}\tau)$ のように 1 サンプル前にシフトする．

差分演算子 δ を次式で定義する．

$$\delta = \frac{1 - z^{-1}}{\tau}, \quad z = e^{\tau s} \tag{8.1.2}$$

差分演算子は，デルタオペレータともよばれ，サンプリング周期 τ がゼロに近づくとき微分演算子 s に近づく．たとえば，k/δ は $\tau \to 0$ で k/s に，$k\delta$ は ks に近づく．このような性質は微分の定義を思いだせば納得できる．

PID 演算装置を，δ を使って次式で与える．

$$c^*(\delta) = \frac{c_0^* + c_1^* \delta + c_2^* \delta^2 + c_3^* \delta^3 + \cdots}{\delta} \tag{8.1.3}$$

ここで，c_0^* が I 動作，c_1^* が P 動作，c_2^* が D 動作，c_3^* が 2 次の D 動作…を表している．

連続時間近似を考えるとき，たとえば，演算装置が k で，サンプラおよび 0 次ホルダがサンプリング周期 τ で稼動するディジタル制御装置は，$k(1-z^{-1})/\tau s$ で表すことができる．したがって，式 (8.1.3) の PID 演算装置の前後にサンプラと 0 次ホルダを備えたディジタル制御装置の連続時間近似表現は

$$\frac{c(s)}{s} = \frac{1}{s} \left[\delta \cdot c^*(\delta) \right] \tag{8.1.4}$$

となる．これに式 (8.1.3) を代入して次式を得る．

$$\frac{c(s)}{s} = \frac{1}{s} \left[c_0^* + c_1^* \delta + c_2^* \delta^2 + c_3^* \delta^3 + \cdots \right] \tag{8.1.5}$$

◀

―【演習 8.2】（連続時間制御装置とのパラメータの関係）――――――――――

連続時間 PID 制御装置のパラメータ c_i と，ディジタル PID 制御装置のパラメータ c_i^* の関係を明らかにせよ．

解 ディジタル PID 制御装置の連続時間近似表現は，演習 8.1 の式 (8.1.5) である．また，連続時間 PID 制御装置は，演習 7.4 の式 (7.1.7) である．したがって，次式が成り立つ．

$$\frac{1}{s}\left[c_0 + c_1 s + c_2 s^2 + c_3 s^3 + \cdots\right] = \frac{1}{s}\left[c_0^* + c_1^*\delta + c_2^*\delta^2 + c_3^*\delta^3 + \cdots\right] \tag{8.1.6}$$

ここで，

$$e^{-\tau s} = 1 - \tau s + \frac{1}{2}\tau^2 s^2 - \frac{1}{6}\tau^3 s^3 + \frac{1}{24}\tau^4 s^4 - \cdots \tag{8.1.7}$$

であるから

$$\delta = \frac{1 - e^{-\tau s}}{\tau} = s - \frac{1}{2}\tau s^2 + \frac{1}{6}\tau^2 s^3 - \frac{1}{24}\tau^3 s^4 + \cdots \tag{8.1.8}$$

となる．したがって，式 (8.1.6) の右辺は，つぎのようになる．

$$\frac{1}{s}\left[c_0^* + c_1^*\delta + c_2^*\delta^2 + c_3^*\delta^3 + \cdots\right]$$
$$= \frac{1}{s}\left[c_0^* + c_1^* s + \left(c_2^* - \frac{1}{2}c_1^*\tau\right)s^2 + \left(c_3^* - c_2^*\tau + \frac{1}{6}c_1^*\tau^2\right)s^3\right.$$
$$\left. + \left(c_4^* - \frac{3}{2}c_3^*\tau + \frac{7}{12}c_2^*\tau^2 - \frac{1}{24}c_1^*\tau^3\right)s^4 + \cdots\right] \tag{8.1.9}$$

式 (8.1.6) において係数比較を行うと

$$c_0 = c_0^* \tag{8.1.10}$$

$$c_1 = c_1^* \tag{8.1.11}$$

$$c_2 = c_2^* - \frac{1}{2}c_1^*\tau \tag{8.1.12}$$

$$c_3 = c_3^* - c_2^*\tau + \frac{1}{6}c_1^*\tau^2 \tag{8.1.13}$$

$$c_4 = c_4^* - \frac{3}{2}c_3^*\tau + \frac{7}{12}c_2^*\tau^2 - \frac{1}{24}c_1^*\tau^3 \tag{8.1.14}$$

を得る．これをディジタル PID 制御装置のパラメータ c_i^* について解く．

$$c_0^* = c_0 \tag{8.1.15}$$

$$c_1^* = c_1 \tag{8.1.16}$$

$$c_2^* = c_2 + \frac{1}{2}c_1\tau \tag{8.1.17}$$

$$c_3{}^* = c_3 + c_2\tau + \frac{1}{3}c_1\tau^2 \tag{8.1.18}$$

$$c_4{}^* = c_4 + \frac{3}{2}c_3\tau + \frac{11}{12}c_2\tau^2 + \frac{1}{4}c_1\tau^3 \tag{8.1.19}$$

...

◀

【演習 8.3】（ディジタル PID 制御系設計公式）

演習 8.2 の結果を用いて，図 8.1 に示すディジタル PID 制御系の設計公式を導出せよ．

解 連続時間 PID 制御装置のパラメータ c_i は，演習 7.8 においてすでに求めている．

$$c_0 = h_0/\sigma \tag{8.1.20}$$

$$c_1 = h_1/\sigma - \alpha_2 h_0 \tag{8.1.21}$$

$$c_2 = h_2/\sigma - \alpha_2 h_1 + (\alpha_2{}^2 - \alpha_3)h_0\sigma \tag{8.1.22}$$

$$c_3 = h_3/\sigma - \alpha_2 h_2 + (\alpha_2{}^2 - \alpha_3)h_1\sigma - (\alpha_2{}^3 - 2\alpha_2\alpha_3 + \alpha_4)h_0\sigma^2 \tag{8.1.23}$$

...

これらを演習 8.2 の結果に代入して

$$c_0{}^* = h_0/\sigma \tag{8.1.24}$$

$$c_1{}^* = h_1/\sigma - \alpha_2 h_0 \tag{8.1.25}$$

$$\begin{aligned}c_2{}^* &= h_2/\sigma - \alpha_2 h_1 + (\alpha_2{}^2 - \alpha_3)h_0\sigma + \frac{1}{2}(h_1/\sigma - \alpha_2 h_0)\tau \\ &= \left(h_2 + \frac{1}{2}h_1\tau\right)/\sigma - \alpha_2\left(h_1 + \frac{1}{2}h_0\tau\right) + (\alpha_2{}^2 - \alpha_3)h_0\sigma\end{aligned} \tag{8.1.26}$$

$$\begin{aligned}c_3{}^* &= h_3/\sigma - \alpha_2 h_2 + (\alpha_2{}^2 - \alpha_3)h_1\sigma - (\alpha_2{}^3 - 2\alpha_2\alpha_3 + \alpha_4)h_0\sigma^2 \\ &\quad + (h_2/\sigma - \alpha_2 h_1 + (\alpha_2{}^2 - \alpha_3)h_0\sigma)\tau + \frac{1}{3}(h_1/\sigma - \alpha_2 h_0)\tau^2 \\ &= \left(h_3 + h_2\tau + \frac{1}{3}h_1\tau^2\right)/\sigma - \alpha_2\left(h_2 + h_1\tau + \frac{1}{3}h_0\tau^2\right) \\ &\quad + (\alpha_2{}^2 - \alpha_3)(h_1 + h_0\tau)\sigma - (\alpha_2{}^3 - 2\alpha_2\alpha_3 + \alpha_4)h_0\sigma^2\end{aligned} \tag{8.1.27}$$

...

となる．PI 動作においては $c_2{}^*$ 以降，PID 動作においては $c_3{}^*$ 以降の項は使わないから，それらをゼロに置き換える．また，σ の決め方も演習 7.8 の設計思想に従う．

(1) PI 動作：
ディジタル演算装置は

$$c^*(\delta) = \frac{c_0{}^* + c_1{}^*\delta}{\delta} \tag{8.1.28}$$

であって，制御パラメータは，式 (8.1.24) と式 (8.1.25) で与える．また，σ は式 (8.1.26) において $c_2{}^* = 0$ とした方程式

$$(\alpha_2{}^2 - \alpha_3)h_0\sigma^2 - \alpha_2\left(h_1 + \frac{1}{2}h_0\tau\right)\sigma + \left(h_2 + \frac{1}{2}h_1\tau\right) = 0 \tag{8.1.29}$$

の正の最小の解を採用する．

(2) PID 動作：
ディジタル演算装置は

$$c^*(\delta) = \frac{c_0{}^* + c_1{}^*\delta + c_2{}^*\delta^2}{\delta} \tag{8.1.30}$$

で，制御パラメータは式 (8.1.24)〜(8.1.26) で与える．また，σ は式 (8.1.27) において $c_3{}^* = 0$ とした方程式

$$(\alpha_2{}^3 - 2\alpha_2\alpha_3 + \alpha_4)h_0\sigma^3 - (\alpha_2{}^2 - \alpha_3)(h_1 + h_0\tau)\sigma^2$$
$$+ \alpha_2\left(h_2 + h_1\tau + \frac{1}{3}h_0\tau^2\right)\sigma - \left(h_3 + h_2\tau + \frac{1}{3}h_1\tau^2\right) = 0 \tag{8.1.31}$$

の正の最小の解を採用する．

上に導いた設計公式は，サンプリング周期を $\tau \to 0$ としたとき，$\delta \to s$ となることから連続時間系の PID 設計公式に一致する． ◀

【演習 8.4】（ディジタル PID 制御アルゴリズム）

演習 8.3 の結果を用いて，ディジタル PID 制御アルゴリズムを導出せよ．

解 式 (8.1.28)，(8.1.30) をみるに，ディジタル演算装置は，差分演算子あるいはデルタオペレータとよばれる δ を用いて表現されている．これは，連続時間系とのつながりをよくするための工夫であった．

しかし，ディジタル計算機の中での演算装置の実現には，シフト演算子 z を使うのが便利である．差分演算子からシフト演算子への換算は，関係式 (8.1.2) を使えば簡単に行うことができる．

(1) PI 動作：
演算装置

$$c^*(\delta) = \frac{c_0{}^* + c_1{}^*\delta}{\delta} \tag{8.1.32}$$

をシフト演算子で表現すると

$$g(z^{-1}) = \frac{1}{1 - z^{-1}}(g_0 - g_1 z^{-1}) \tag{8.1.33}$$

となる．ここで

$$g_0 = c_0{}^* \tau + c_1{}^* \tag{8.1.34}$$

$$g_1 = c_1{}^* \tag{8.1.35}$$

である．したがって，演算装置の入力 $e^*(k\tau)$ から出力 $u^*(k\tau)$ までの計算式は，つぎのようになる．

$$u^*(k\tau) = u^*(\overline{k-1}\tau) + \tilde{u}^*(k\tau) \tag{8.1.36}$$

$$\tilde{u}^*(k\tau) = g_0 e^*(k\tau) - g_1 e^*(\overline{k-1}\tau) \tag{8.1.37}$$

(2) PID 動作：
演算装置は

$$c^*(\delta) = \frac{c_0{}^* + c_1{}^* \delta + c_2{}^* \delta^2}{\delta} \tag{8.1.38}$$

であるから，シフト演算子で表現すると

$$g(z^{-1}) = \frac{1}{1-z^{-1}}(g_0 - g_1 z^{-1} + g_2 z^{-2}) \tag{8.1.39}$$

$$g_0 = c_0{}^* \tau + c_1{}^* + c_2{}^*/\tau \tag{8.1.40}$$

$$g_1 = c_1{}^* + 2c_2{}^*/\tau \tag{8.1.41}$$

$$g_2 = c_2{}^*/\tau \tag{8.1.42}$$

である．したがって，演算装置の入力 $e^*(k\tau)$ から出力 $u^*(k\tau)$ までの計算式は，つぎのようになる．

$$u^*(k\tau) = u^*(\overline{k-1}\tau) + \tilde{u}^*(k\tau) \tag{8.1.43}$$

$$\tilde{u}^*(k\tau) = g_0 e^*(k\tau) - g_1 e^*(\overline{k-1}\tau) + g_2 e^*(\overline{k-2}\tau) \tag{8.1.44}$$

◀

8.2　ディジタル PID 制御系設計数値例

　ディジタル PID 制御を適用した制御系設計の事例を扱おう．第 7 章の前半において使用した制御対象である，4 次遅れ系とむだ時間系について，サンプリング周期をいろいろな値にして設計を試みる．当然ながら，サンプリング周期を大きく選定するに従って制御性能は劣化する．制御対象の立ち上がり時間と比較しつつ，その様子を調べよう．

【演習 8.5】（制御対象）

制御対象
$$G_p(s) = \frac{1}{1 + 4s + 2.4s^2 + 0.448s^3 + 0.0256s^4} \tag{8.2.1}$$
の動特性を調べよ．

解　制御対象自身のステップ応答を図 8.2 に示す．

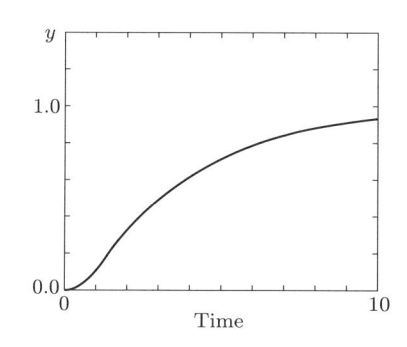

図 **8.2**　制御対象 (8.2.1) のステップ応答

【演習 8.6】（制御系の設計）

制御対象 (8.2.1) に対し，参照モデルの係数列を演習 7.2 の式 (7.1.3) としてディジタル PID 制御系を設計せよ．

解　PID 動作について，サンプリング周期を変えて設計してみよう．

サンプリング周期を $\tau = 0.04$ と選定するとき，3 次方程式 (8.1.31) の解は，$\sigma = 0.5073$, 2.778, 77.51 と求められる．これらのうち，正で最小の解 $\sigma = 0.5073$ を採用して，式 (8.1.40)〜(8.1.42) から g_0, g_1, g_2 を計算する．得られる制御則はつぎのように表現できる．

$$u^*(k\tau) = u^*(\overline{k-1}\tau) + \tilde{u}^*(k\tau) \tag{8.2.2}$$

$$\tilde{u}^*(k\tau) = 80.70 e^*(k\tau) - 153.85 e^*(\overline{k-1}\tau) + 73.23 e^*(\overline{k-2}\tau) \tag{8.2.3}$$

つぎに，サンプリング周期を $\tau = 0.16$ に選定するときは，$\sigma = 0.7013$, 3.111, 79.39 と求められるので，最小値の $\sigma = 0.7013$ を採用する．このときの制御則は，式 (8.2.2) と次式となる．

$$\tilde{u}^*(k\tau) = 17.36 e^*(k\tau) - 29.06 e^*(\overline{k-1}\tau) + 11.93 e^*(\overline{k-2}\tau) \tag{8.2.4}$$

同様に，サンプリング周期を $\tau = 0.64$ に選定するときは，$\sigma = 1.293, 4.498, 87.01$，また，$\tau = 2.56$ に選定するときは，$\sigma = 2.700, 9.546, 118.95$ と求められる．それぞれの場合において最小の解を採用して制御則を計算すると，つぎのようになる．

$\tau = 0.64$ のとき：

$$\tilde{u}^*(k\tau) = 4.362 e^*(k\tau) - 5.141 e^*(\overline{k-1}\tau) + 1.274 e^*(\overline{k-2}\tau) \tag{8.2.5}$$

$\tau = 2.56$ のとき：

$$\tilde{u}^*(k\tau) = 2.092 e^*(k\tau) - 1.306 e^*(\overline{k-1}\tau) + 0.162 e^*(\overline{k-2}\tau) \tag{8.2.6}$$

以上のことから，サンプリング周期を大きくするに従って σ の値は大きくなり，また，制御定数 g_0，g_1，g_2 は単調に小さくなっていくことがわかる． ◀

【演習 8.7】（制御系の性能評価）

演習 8.6 において設計したディジタル PID 制御系の性能評価をせよ．

解 目標値をステップ状に変化させたときの，フィードバック制御系の時間応答を図 8.3 に示す．

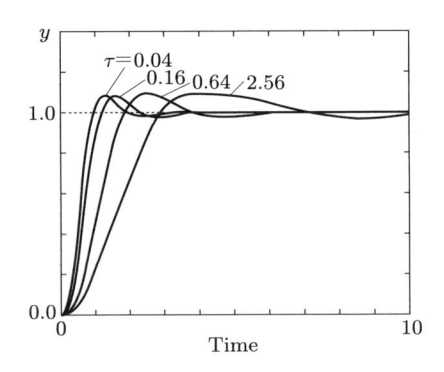

図 8.3 ディジタル PID 制御系の目標値追従性能

立ち上がり時間が 4.0 である制御対象のステップ応答である図 8.2 と比べると，サンプリング周期が小さいときは，大幅な特性改善を達成できていることがわかる．サンプリング周期を $\tau = 0.04, 0.16, 0.64, 2.56$ と大きく選定するに従って，$\sigma = 0.5073, 0.7013, 1.293, 2.700$ と求められ，それらの値に応じた時間応答となっていることを確認できる．この制御対象では，$\tau = 2.56$ が限界であるといえよう．

図 8.4 は，操作端に単位ステップ状の外乱が印加されたときのフィードバック制御系の時間応答である．こちらも，サンプリング周期を変えて設計した結果を示している．

この図において，Processは，図 8.2 に示した制御対象自身の単位ステップ応答である．サンプリング周期を大きく選定するにつれて外乱抑制性が劣化することがよくわかる．

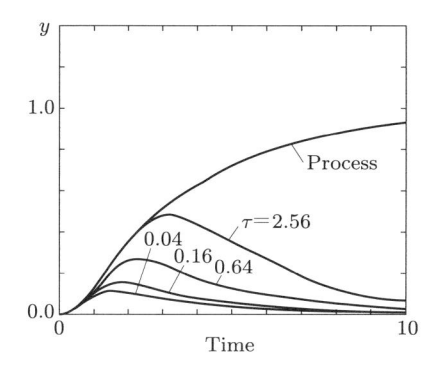

図 8.4 ディジタル PID 制御系の外乱抑制性能

【演習 8.8】（制御対象）

制御対象
$$G_p(s) = \frac{1}{1+s} \cdot \frac{12 - 6 \times 0.5s + 0.5^2 s^2}{12 + 6 \times 0.5s + 0.5^2 s^2} \tag{8.2.7}$$
の動特性を調べよ．

解 制御対象自身のステップ応答を図 8.5 に示す．

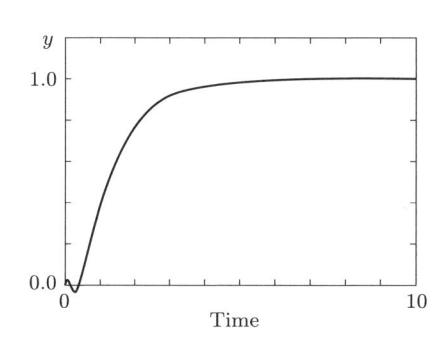

図 8.5 制御対象 (8.2.7) のステップ応答

この制御対象は，パディ近似したむだ時間 0.5 を含むものであって，不安定な零点をもつため逆応答している．

【演習 8.9】（制御系の設計）

制御対象 (8.2.7) に対し，参照モデルの係数列を演習 7.2 の式 (7.1.3) として，ディジタル PID 制御系を設計せよ．

解 PID 動作について，サンプリング周期を変えて設計してみよう．

サンプリング周期を $\tau = 0.04$ と選定するとき，3 次方程式 (8.1.31) の解は，$\sigma = 0.7424$, $1.626, 28.43$ と求められる．これらのうち，正で最小の解 $\sigma = 0.7424$ を採用して，式 (8.1.40)〜(8.1.42) から g_0, g_1, g_2 を計算する．得られる制御則は，つぎのように表現できる．

$$u^*(k\tau) = u^*(\overline{k-1}\tau) + \tilde{u}^*(k\tau) \tag{8.2.8}$$

$$\tilde{u}^*(k\tau) = 6.487 e^*(k\tau) - 11.346 e^*(\overline{k-1}\tau) + 4.913 e^*(\overline{k-2}\tau) \tag{8.2.9}$$

つぎに，サンプリング周期を $\tau = 0.61$ に選定するときは，$\sigma = 0.8763, 1.943, 30.38$ と求められるので，最小値の $\sigma = 0.8763$ を採用する．このときの制御則は，式 (8.2.8) と次式となる．

$$\tilde{u}^*(k\tau) = 2.318 e^*(k\tau) - 3.059 e^*(\overline{k-1}\tau) + 0.9237 e^*(\overline{k-2}\tau) \tag{8.2.10}$$

同様に，サンプリング周期を $\tau = 0.64$ に選定するときは $\sigma = 1.248, 3.131, 38.42$．また，$\tau = 2.56$ に選定するときは $\sigma = 1.976, 7.044, 72.18$ と求められる．それぞれの場合において最小の解を採用して制御則を計算すると，つぎのようになる．

$\tau = 0.64$ のとき：

$$\tilde{u}^*(k\tau) = 1.371 e^*(k\tau) - 1.015 e^*(\overline{k-1}\tau) + 0.157 e^*(\overline{k-2}\tau) \tag{8.2.11}$$

$\tau = 2.56$ のとき：

$$\tilde{u}^*(k\tau) = 1.592 e^*(k\tau) - 0.334 e^*(\overline{k-1}\tau) + 0.0374 e^*(\overline{k-2}\tau) \tag{8.2.12}$$

◀

【演習 8.10】（制御系の性能評価）

演習 8.9 において設計した，ディジタル PID 制御系の性能評価をせよ．

解 目標値をステップ状に変化させたときの，フィードバック制御系の時間応答を図 8.6 に示す．

サンプリング周期を $\tau = 0.04, 0.16, 0.64$ と大きく選定するに従って，制御性能は少しずつ劣化し，制御対象自身の立ち上がり時間 1.5 を越える $\tau = 2.56$ のとき，応答が非常に荒れているのがみられる．

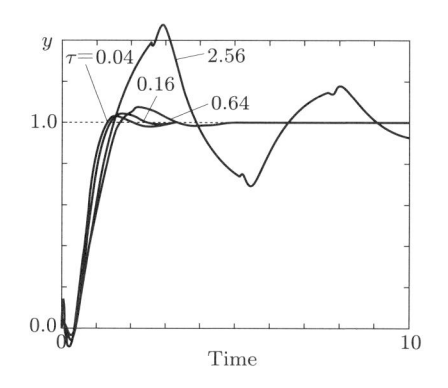

図 **8.6** ディジタル PID 制御系の目標値追従性能

図 8.7 は，操作端に単位ステップ状の外乱が印加されたときのフィードバック制御系の時間応答である．

この図において，Process は，図 8.2 に示した制御対象自身の単位ステップ応答である．サンプリング周期を大きく選定するにつれて，目標値追従の場合と同様な傾向をみることができる．

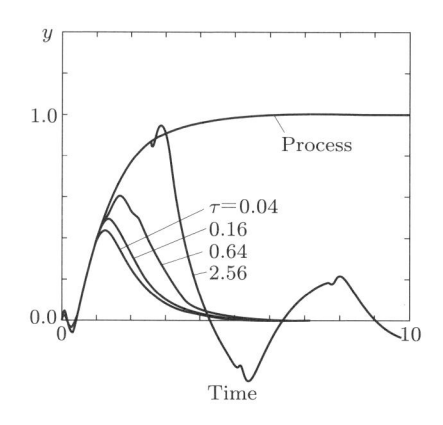

図 **8.7** ディジタル PID 制御系の外乱抑制性能

8.3　部分的モデルマッチング法によるディジタル I-PD 制御

本節では，図 8.8 に示すディジタル I-PD 制御系の設計を扱う．設計公式の導出は，本章の 8.1 節において，ディジタル PID 制御系背設計公式を導いたときと同様の手順である．

まず，図 8.8 の直列補償演算装置とフィードバック補償演算装置を差分演算子 δ を

使って表しておいて，サンプラと0次ホルダを備えたディジタル制御装置の連続時間近似を求める．そのあとは，7.3節の設計思想と，そのときの計算結果をうまく使うことがポイントである．

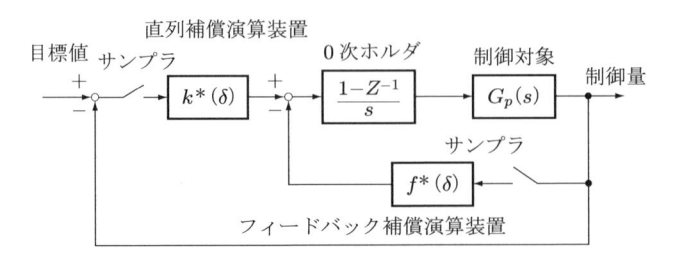

図 8.8 ディジタル I-PD 制御系

【演習 8.11】（ディジタル制御装置の連続時間近似表現）

ディジタル制御装置の連続時間近似表現を求めたうえで，連続時間 I-PD 制御装置のパラメータとディジタル I-PD 制御装置のパラメータの関係を明らかにせよ．

解　直列補償器の I 動作演算装置およびフィードバック補償器の PD 動作演算装置は，差分演算子 δ を使って

$$k^*(\delta) = \frac{k^*}{\delta} \tag{8.3.1}$$

$$f^*(\delta) = f_0^* + f_1^*\delta + f_2^*\delta^2 + f_3^*\delta^3 + \cdots \tag{8.3.2}$$

と表され，演算装置の前後にサンプラと0次ホルダを備えたディジタル制御装置の連続時間近似は，おのおのつぎのようになる．

$$\frac{k}{s} = \frac{1}{s}\left[\delta \cdot k^*(\delta)\right] = \frac{k^*}{s} \tag{8.3.3}$$

$$f(s) = \frac{1}{s}\left[\delta \cdot f^*(\delta)\right] \tag{8.3.4}$$

式 (8.3.4) の両辺は，つぎのように書くことができる．

$$f_0 + f_1 s + f_2 s^2 + f_3 s^3 + \cdots = \frac{1}{s}\left[\delta\left(f_0^* + f_1^*\delta + f_2^*\delta^2 + f_3^*\delta^3 + \cdots\right)\right] \tag{8.3.5}$$

式 (8.3.5) の右辺の δ に，式 (8.1.8) を代入する．

$$\frac{1}{s}\left[\delta\left(f_0{}^* + f_1{}^*\delta + f_2{}^*\delta^2 + f_3{}^*\delta^3 + \cdots\right)\right]$$
$$= f_0{}^* + \left(f_1{}^* - \frac{1}{2}f_0{}^*\tau\right)s + \left(f_2{}^* - f_1{}^*\tau + \frac{1}{6}f_0{}^*\tau^2\right)s^2$$
$$+ \left(f_3{}^* - \frac{3}{2}f_2{}^*\tau + \frac{7}{12}f_1{}^*\tau^2 - \frac{1}{24}f_0{}^*\tau^3\right)s^3 + \cdots \tag{8.3.6}$$

ここで，式 (8.3.5) に対して係数比較法を適用して

$$f_0 = f_0{}^* \tag{8.3.7}$$

$$f_1 = f_1{}^* - \frac{1}{2}f_0{}^*\tau \tag{8.3.8}$$

$$f_2 = f_2{}^* - f_1{}^*\tau + \frac{1}{6}f_0{}^*\tau^2 \tag{8.3.9}$$

$$f_3 = f_3{}^* - \frac{3}{2}f_2{}^*\tau + \frac{7}{12}f_1{}^*\tau^2 - \frac{1}{24}f_0{}^*\tau^3 \tag{8.3.10}$$
$$\cdots$$

を得る．また，式 (8.3.3) に示したように，$k = k^*$ である．

以上により，ディジタル制御装置を連続時間近似表現したときの，s の係数を整理することができた．すなわち，7.4 節の式 (7.4.1) の準備ができた．◀

ここからは，演習 7.25 から演習 7.28 で学んだ，連続時間系における部分的モデルマッチングの設計思想に沿って進めていくことになる．式 (8.3.7)〜(8.3.10) の右辺の変数を使って最初から部分的モデルマッチングの設計計算をやり直してもかまわないし，連続時間系における途中までの結果を流用してもよい．本節では後者を選択する．

あとで必要となるため，式 (8.3.7)〜(8.3.10) を逆に解いておく．

$$f_0{}^* = f_0 \tag{8.3.11}$$

$$f_1{}^* = f_1 + \frac{1}{2}f_0\tau \tag{8.3.12}$$

$$f_2{}^* = f_2 + f_1\tau + \frac{1}{3}f_0\tau^2 \tag{8.3.13}$$

$$f_3{}^* = f_3 + \frac{3}{2}f_2\tau + \frac{11}{12}f_1\tau^2 + \frac{1}{4}f_0\tau^3 \tag{8.3.14}$$
$$\cdots$$

また，$k^* = k$ である．

―【演習 8.12】（ディジタル I-PD 制御系設計公式）―――――――――

演習 8.11 の結果を用いて，ディジタル I-PD 制御系設計公式を導出せよ．

解 連続時間 I-PD 制御装置のパラメータは，演習 7.27 から，つぎのように書くことができる．

$$f_0 = k\sigma - h_0 \tag{8.3.15}$$

$$f_1 = \alpha_2 k\sigma^2 - h_1 \tag{8.3.16}$$

$$f_2 = \alpha_3 k\sigma^3 - h_2 \tag{8.3.17}$$

$$f_3 = \alpha_4 k\sigma^4 - h_3 \tag{8.3.18}$$

$$\cdots$$

これらを式 (8.3.11) 以降の式に代入する．

$$f_0{}^* = k\sigma - h_0 \tag{8.3.19}$$

$$\begin{aligned}f_1{}^* &= \left(\alpha_2 k\sigma^2 - h_1\right) + \frac{1}{2}\left(k\sigma - h_0\right)\tau \\ &= \alpha_2 k\sigma^2 + \frac{1}{2}k\tau\sigma - \left(h_1 + \frac{1}{2}h_0\tau\right)\end{aligned} \tag{8.3.20}$$

$$\begin{aligned}f_2{}^* &= \left(\alpha_3 k\sigma^3 - h_2\right) + \left(\alpha_2 k\sigma^2 - h_1\right)\tau + \frac{1}{3}\left(k\sigma - h_0\right)\tau^2 \\ &= \alpha_3 k\sigma^3 + \alpha_2 k\tau\sigma^2 + \frac{1}{3}k\tau^2\sigma - \left(h_2 + h_1\tau + \frac{1}{3}h_0\tau^2\right)\end{aligned} \tag{8.3.21}$$

$$\begin{aligned}f_3{}^* &= \left(\alpha_4 k\sigma^4 - h_3\right) + \frac{3}{2}\left(\alpha_3 k\sigma^3 - h_2\right)\tau \\ &\quad + \frac{11}{12}\left(\alpha_2 k\sigma^2 - h_1\right)\tau^2 + \frac{1}{4}\left(k\sigma - h_0\right)\tau^3 \\ &= \alpha_4 k\sigma^4 + \frac{3}{2}\alpha_3 k\tau\sigma^3 + \frac{11}{12}\alpha_2 k\tau^2\sigma^2 + \frac{1}{4}k\tau^3\sigma \\ &\quad - \left(h_3 + \frac{3}{2}h_2\tau + \frac{11}{12}h_1\tau^2 + \frac{1}{4}h_0\tau^3\right)\end{aligned} \tag{8.3.22}$$

$$\cdots$$

(1) I-P 動作：

調整できるパラメータは，σ，k^*，$f_0{}^*$ の三つであるから，$f_1{}^*$ と $f_2{}^*$ をゼロとおく．

$$0 = \alpha_2 k\sigma^2 + \frac{1}{2}k\tau\sigma - \left(h_1 + \frac{1}{2}h_0\tau\right) \tag{8.3.23}$$

$$0 = \alpha_3 k\sigma^3 + \alpha_2 k\tau\sigma^2 + \frac{1}{3}k\tau^2\sigma - \left(h_2 + h_1\tau + \frac{1}{3}h_0\tau^2\right) \tag{8.3.24}$$

式 (8.3.24) と式 (8.3.25) を，それぞれ k について解いてから辺々を割ると次式を得る．

$$\begin{aligned}&\left(h_1 + \frac{1}{2}h_0\tau\right)\left(\alpha_3\sigma^2 + \alpha_2\tau\sigma + \frac{1}{3}\tau^2\right) \\ &= \left(h_2 + h_1\tau + \frac{1}{3}h_0\tau^2\right)\left(\alpha_2\sigma + \frac{1}{2}\tau\right)\end{aligned} \tag{8.3.25}$$

8.3 部分的モデルマッチング法によるディジタル I-PD 制御

これを整理して σ の方程式

$$\left(h_1 + \frac{1}{2}h_0\tau\right)\alpha_3\sigma^2 + \left(-h_2 + \frac{1}{6}h_0\tau^2\right)\alpha_2\sigma + \left(-\frac{1}{2}h_2 - \frac{1}{6}h_1\tau\right)\tau = 0 \tag{8.3.26}$$

を得る．方程式 (8.3.26) の正の最小解を採用して，式 (8.3.23) から $k^* = k$ を求める．

$$k^* = \left(h_1 + \frac{1}{2}h_0\tau\right) \bigg/ \left(\alpha_2\sigma^2 + \frac{1}{2}\tau\sigma\right) \tag{8.3.27}$$

σ と k^* が決まった後，f_0^* は式 (8.3.19) を用いて求める．

(2) I-PD 動作:

調整できるパラメータは，σ, k^*, f_0^*, f_1^* の四つであるから，f_2^* と f_3^* をゼロとおく．

$$0 = \alpha_3 k\sigma^3 + \alpha_2 k\tau\sigma^2 + \frac{1}{3}k\tau^2\sigma - \left(h_2 + h_1\tau + \frac{1}{3}h_0\tau^2\right) \tag{8.3.28}$$

$$0 = \alpha_4 k\sigma^4 + \frac{3}{2}\alpha_3 k\tau\sigma^3 + \frac{11}{12}\alpha_2 k\tau^2\sigma^2 + \frac{1}{4}k\tau^3\sigma$$
$$\quad - \left(h_3 + \frac{3}{2}h_2\tau + \frac{11}{12}h_1\tau^2 + \frac{1}{4}h_0\tau^3\right) \tag{8.3.29}$$

二つの式から k を消去して

$$\left(h_2 + h_1\tau + \frac{1}{3}h_0\tau^2\right)\left(\alpha_4\sigma^3 + \frac{3}{2}\alpha_3\tau\sigma^2 + \frac{11}{12}\alpha_2\tau^2\sigma + \frac{1}{4}\tau^3\right)$$
$$= \left(h_3 + \frac{3}{2}h_2\tau + \frac{11}{12}h_1\tau^2 + \frac{1}{4}h_0\tau^3\right)\left(\alpha_3\sigma^2 + \alpha_2\tau\sigma + \frac{1}{3}\tau^2\right) \tag{8.3.30}$$

を得る．展開整理して σ の方程式

$$\left(h_2 + h_1\tau + \frac{1}{3}h_0\tau^2\right)\alpha_4\sigma^3 + \left(-h_3 + \frac{7}{12}h_1\tau^2 + \frac{1}{4}h_0\tau^3\right)\alpha_3\sigma^2$$
$$+ \left(-h_3 - \frac{7}{12}h_2\tau + \frac{1}{18}h_0\tau^3\right)\alpha_2\tau\sigma + \left(-\frac{1}{3}h_3 - \frac{1}{4}h_2\tau - \frac{1}{18}h_1\tau^2\right)\tau^2$$
$$= 0 \tag{8.3.31}$$

が求まった．方程式 (8.3.31) の正の最小解を採用して，式 (8.3.28) から $k^* = k$ を求める．

$$k^* = \left(h_2 + h_1\tau + \frac{1}{3}h_0\tau^2\right) \bigg/ \left(\alpha_3\sigma^3 + \alpha_2\tau\sigma^2 + \frac{1}{3}\tau^2\sigma\right) \tag{8.3.32}$$

σ と k^* が決まった後，f_0^* と f_1^* は，式 (8.3.19) と式 (8.3.20) を用いて求める．

上に導いた設計公式は，サンプリング周期を $\tau \to 0$ としたとき，$\delta \to s$ となることから連続時間系の I-PD 設計公式に一致する． ◀

【演習 8.13】(ディジタル I-PD 制御アルゴリズム)

演習 8.12 の結果を用いて,ディジタル I-PD 制御アルゴリズムを導出せよ.

解 式 (8.3.1),(8.3.2) におけるディジタル演算装置の表現は,差分演算子あるいはデルタオペレータとよばれる δ を用いている.これは,連続時間系とのつながりをよくするための工夫であった.

しかしながら,ディジタル計算機の中での演算装置の実現には,シフト演算子 z を使うのが便利である.関係式 (8.1.2) を使って,差分演算子からシフト演算子へ換算しよう.

(1) I-P 動作:
直列補償器とフィードバック補償器の演算装置

$$k^*(\delta) = \frac{k^*}{\delta} \tag{8.3.33}$$

$$f^*(\delta) = f_0^* \tag{8.3.34}$$

をシフト演算子で表現すると,それぞれ

$$g(z^{-1}) = \frac{g_0}{1 - z^{-1}} \tag{8.3.35}$$

$$\lambda(z^{-1}) = \frac{1}{1 - z^{-1}}\left(\lambda_0 - \lambda_1 z^{-1}\right) \tag{8.3.36}$$

となる.ここで

$$g_0 = k^*\tau \tag{8.3.37}$$

$$\lambda_0 = f_0^* \tag{8.3.38}$$

$$\lambda_1 = f_0^* \tag{8.3.39}$$

である.したがって,演算装置の計算式は,つぎのようになる.

$$u^*(k\tau) = u^*(\overline{k-1}\tau) + \tilde{u}^*(k\tau) \tag{8.3.40}$$

$$\tilde{u}^*(k\tau) = g_0 e^*(k\tau) - \lambda_0 y^*(k\tau) + \lambda_1 y^*(\overline{k-1}\tau) \tag{8.3.41}$$

(2) I-PD 動作:
直列補償器は上と同じである.フィードバック補償器の演算装置は

$$f^*(\delta) = f_0^* + f_1^*\delta \tag{8.3.42}$$

であるから,これをシフト演算子で表現すると,つぎのように書くことができる.

$$\lambda(z^{-1}) = \frac{1}{1 - z^{-1}}\left(\lambda_0 - \lambda_1 z^{-1} + \lambda_2 z^{-2}\right) \tag{8.3.43}$$

ここで

$$\lambda_0 = f_0^* + f_1^*/\tau \tag{8.3.44}$$

$$\lambda_1 = f_0^* + 2f_1^*/\tau \tag{8.3.45}$$

$$\lambda_2 = f_1^*/\tau \tag{8.3.46}$$

である．したがって，演算装置の計算式は，つぎのようになる．

$$u^*(k\tau) = u^*(\overline{k-1}\tau) + \tilde{u}^*(k\tau) \tag{8.3.47}$$

$$\tilde{u}^*(k\tau) = g_0 e^*(k\tau) - \lambda_0 y^*(k\tau) + \lambda_1 y^*(\overline{k-1}\tau) - \lambda_2 y^*(\overline{k-2}\tau) \tag{8.3.48}$$

◀

8.4　ディジタル I-PD 制御系設計数値例

8.2 節と同じ制御対象を用いて，サンプリング周期をいろいろな値に選定してディジタル I-PD 制御系を設計しよう．

第 7 章において，連続時間型の制御装置で比較検討したときのフィードバック制御系の時間応答は，PID 制御系よりも I-PD 制御系のほうが若干振動的であった．ディジタル制御系においても同じ傾向があることを確認する．また，むだ時間系に対する設計においては，サンプリング周期を大きくするに応じて制御性能が劣化していく様子は，PID 制御と I-PD 制御にはかなりの差があることがわかる．

―【演習 8.14】（制御系の設計）――――――――――――――――――――

4 次遅れ系の制御対象 (8.2.1) に対し，参照モデルの係数列を演習 7.2 の式 (7.1.3) として，ディジタル I-PD 制御系を設計せよ．

解　I-PD 動作について，サンプリング周期を変えて設計してみよう．

サンプリング周期を $\tau = 0.04$ と選定するとき，3 次方程式 (8.3.31) の最小解は，$\sigma = 1.002$ と求められる．式 (8.3.28) から $k^* = k$ を計算し，f_0^* と f_1^* は，式 (8.3.19) と式 (8.3.20) で求める．これらの値を用いて，式 (8.3.48) のパラメータ g_0, λ_0, λ_1, λ_2 は，それぞれ式 (8.3.37), (8.3.44)〜(8.3.46) から計算する．$\tau = 0.04$ のときのディジタル I-PD 制御則はつぎのように表すことができる．

$$u^*(k\tau) = u^*(\overline{k-1}\tau) + \tilde{u}^*(k\tau) \tag{8.4.1}$$

$$\tilde{u}^*(k\tau) = 0.597 e^*(k\tau) - 108.3 y^*(k\tau) + 202.6 y^*(\overline{k-1}\tau)$$
$$- 94.32 y^*(\overline{k-2}\tau) \tag{8.4.2}$$

つぎに，サンプリング周期を $\tau = 0.16$ に選定するときは，最小値の $\sigma = 1.182$ を採用する．このときの制御則は，式 (8.4.1) と次式となる．

$$\tilde{u}^*(k\tau) = 1.319e^*(k\tau) - 24.12y^*(k\tau) + 39.50y^*(\overline{k-1}\tau) - 15.38y^*(\overline{k-2}\tau) \tag{8.4.3}$$

同様に，サンプリング周期を $\tau = 0.64$ に選定するときは $\sigma = 1.682$，$\tau = 1.682$，また，$\tau = 2.56$ に選定するときは $\sigma = 2.780$ と求められる．それぞれの場合において制御則を計算すると，つぎのようになる．

$\tau = 0.64$ のとき：

$$\tilde{u}^*(k\tau) = 1.763e^*(k\tau) - 5.296y^*(k\tau) + 6.956y^*(\overline{k-1}\tau) - 1.660y^*(\overline{k-2}\tau) \tag{8.4.4}$$

$\tau = 2.56$ のとき：

$$\tilde{u}^*(k\tau) = 1.978e^*(k\tau) - 1.326y^*(k\tau) + 1.503y^*(\overline{k-1}\tau) - 0.178y^*(\overline{k-2}\tau) \tag{8.4.5}$$

以上のことから，サンプリング周期を大きくするに従って σ の値は大きくなり，また，フィードバック補償器のパラメータ λ_0，λ_1，λ_2 は単調に小さくなっていくものの，直列補償器のパラメータ g_0 だけは大きくなることがわかる． ◀

【演習 8.15】（制御系の性能評価）

演習 8.14 において設計したディジタル I-PD 制御系の性能評価をせよ．

解 目標値をステップ状に変化させたときのフィードバック制御系の時間応答を図 8.9 に示す．

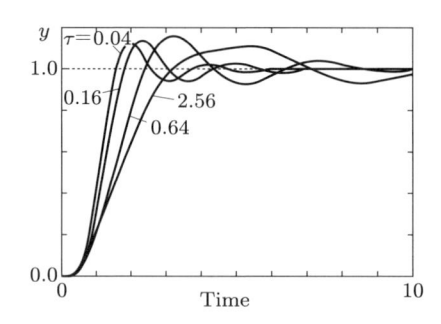

図 **8.9** ディジタル I-PD 制御系の目標値追従性能

立ち上がり時間が 4.0 である制御対象のステップ応答である図 8.2 と比べると，サンプリング周期が小さいときは大幅な特性改善を達成できていることがわかる．サンプリング周期を $\tau = 0.04, 0.16, 0.64, 2.56$ と大きく選定するに従って，$\sigma = 1.002, 1.182, 1.682, 2.780$ と求められ，それらの値に応じた時間応答となっていることを確認できる．図 8.3 に示すディジタル PID 制御系の応答に比べて，同じ参照モデルであるにもかかわらず，やや振動的になっていることがみられる．$\tau = 2.56$ が限界であるのは，PID 制御と同じである．

図 8.10 は，操作端に単位ステップ状の外乱が印加されたときのフィードバック制御系の時間応答である．

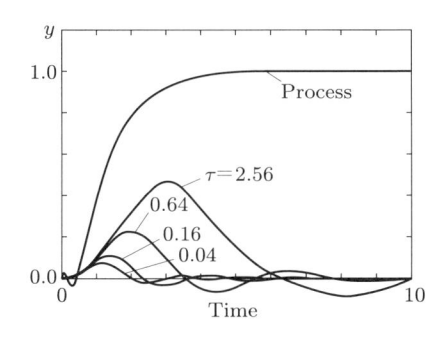

図 8.10 ディジタル I-PD 制御系の外乱抑制性能

この図において，Process は，図 8.2 に示した制御対象自身の単位ステップ応答である．図 8.4 と比べると振動的になっている．サンプリング周期を大きく選定するにつれて，外乱抑制性が劣化することは PID 制御と同じである． ◀

【演習 8.16】（制御系の設計）

むだ時間 1 次遅れ系の制御対象 (8.2.7) に対し，参照モデルの係数列を演習 7.2 の式 (7.1.3) としてディジタル I-PD 制御系を設計せよ．

解 I-PD 動作について，サンプリング周期を変えて設計してみよう．

サンプリング周期を $\tau = 0.04$ と選定するとき，3 次方程式 (8.3.31) の最小解は，$\sigma = 1.188$ と求められる．ディジタル I-PD 制御則は，つぎのように表すことができる．

$$u^*(k\tau) = u^*(\overline{k-1}\tau) + \tilde{u}^*(k\tau) \tag{8.4.6}$$

$$\tilde{u}^*(k\tau) = 0.0979 e^*(k\tau) - 8.506 y^*(k\tau) + 15.11 y^*(\overline{k-1}\tau)$$
$$- 6.600 y^*(\overline{k-2}\tau) \tag{8.4.7}$$

つぎに，サンプリング周期を $\tau = 0.16$ に選定するときは，最小値は $\sigma = 1.247$ であり，このときの制御則は，式 (8.4.6) と次式となる．

$$\tilde{u}^*(k\tau) = 0.328e^*(k\tau) - 2.925y^*(k\tau) + 4.293y^*(\overline{k-1}\tau) - 1.368y^*(\overline{k-2}\tau) \tag{8.4.8}$$

同様に，サンプリング周期を $\tau = 0.64$ に選定するときは $\sigma = 1.447$，また，$\tau = 2.56$ に選定するときは $\sigma = 1.928$ と求められる．それぞれの場合において制御則を計算すると，つぎのようになる．

$\tau = 0.64$ のとき：

$$\tilde{u}^*(k\tau) = 0.834e^*(k\tau) - 1.114y^*(k\tau) + 1.343y^*(\overline{k-1}\tau) - 0.229y^*(\overline{k-2}\tau) \tag{8.4.9}$$

$\tau = 2.56$ のとき：

$$\tilde{u}^*(k\tau) = 1.695e^*(k\tau) - 0.309y^*(k\tau) + 0.342y^*(\overline{k-1}\tau) - 0.033y^*(\overline{k-2}\tau) \tag{8.4.10}$$

以上のことから，サンプリング周期を大きくするに従って σ の値は大きくなり，また，フィードバック補償器のパラメータ λ_0, λ_1, λ_2 は単調に小さくなっていくものの，直列補償器のパラメータ g_0 だけは大きくなることがわかる． ◀

【演習 8.17】（制御系の性能評価）

演習 8.16 において設計したディジタル I-PD 制御系の性能評価をせよ．

解 目標値をステップ状に変化させたときのフィードバック制御系の時間応答を図 8.11 に示す．

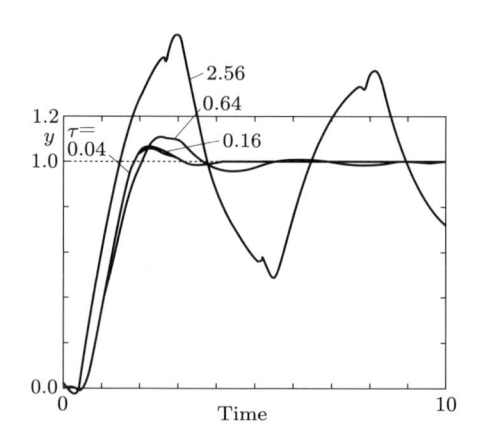

図 **8.11** ディジタル I-PD 制御系の目標値追従性能

目標値追従性能において，サンプリング周期が 0.04 と 0.16 のときの差はほとんどないことがわかる．サンプリング周期を大きく選定するに従って，制御性能は少しずつ劣化し，制御対象自身の立ち上がり時間 1.5 を越える $\tau = 2.56$ のとき，応答が非常に荒れているのがみられる．

図 8.12 は，操作端に単位ステップ状の外乱が印加されたときのフィードバック制御系の時間応答である．

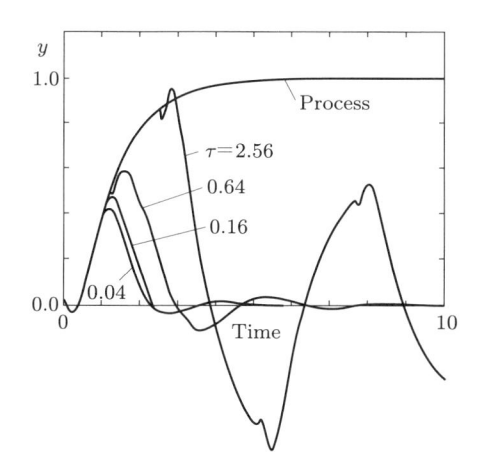

図 8.12 ディジタル I-PD 制御系の外乱抑制性能

この図において，Process は，図 8.2 に示した制御対象自身の単位ステップ応答である．サンプリング周期を大きく選定するにつれて目標値追従の場合と同様な傾向を見ることができる．◀

9 多変数 PID 制御

部分的モデルマッチング法は，多変数 PID 制御系の設計に拡張することができる．設計すべき制御系は，つぎの設計仕様を満たす非干渉制御系である．非干渉化された各部分制御系については，第 7 章に記述したものと同じで

(1) 定常偏差がゼロになること
(2) 適切な減衰特性をもつこと
(3) 上記の仕様を満たしたうえで，立ち上がり時間が最小になること

そして部分制御系相互の間の干渉については

(4) 低周波領域からできるだけ高周波領域まで非干渉化が達成されること

である．

上記の設計仕様 (1)〜(4) を満たす制御系の設計公式を，第 7 章で紹介した設計思想に基づいて導出しよう．本章では，連続時間型の多変数 PID 制御系設計公式を導出したのち，制御ループごとに異なるサンプリング周期を有する多変数ディジタル PID 制御系の設計公式をまとめる．

9.1　部分的モデルマッチング法による多変数 PID 制御

本章で扱う制御対象は，p 次の入力，p 次の出力をもち，その伝達関数行列は次式で記述されているとする．

$$G_p(s) = \frac{B(s)}{a(s)} = \frac{B_0 + B_1 s + B_2 s^2 + B_3 s^3 + \cdots}{a_0 + a_1 s + a_2 s^2 + a_3 s^3 + \cdots} \tag{9.1.1}$$

ここで，平衡状態において入力の平衡値と出力の平衡値との間に 1 対 1 の対応関係が成立するよう，その直流ゲイン行列 B_0/a_0 が正則，したがって $|B_0| \neq 0$，$a_0 \neq 0$ と仮定する．また，s の低次の係数 a_0, B_0, a_1, B_1 などは比較的正確に測定できているが，s の高次の係数になるに従って雑音などにより，その精度は劣化しているとする．

【演習 9.1】（多変数参照モデル）

演習 7.1 において定義した参照モデル (7.1.2) を多変数設計用につくり直せ．

[解] 1入力1出力のフィードバック制御系の目標値から制御量までの伝達特性をマッチングする相手として，式 (7.1.2) で定義した参照モデルを再掲する．

$$W_d(s) = \frac{1}{\alpha(s)} = \frac{1}{\alpha_0 + \alpha_1 \sigma s + \alpha_2 \sigma^2 s^2 + \alpha_3 \sigma^3 s^3 + \cdots} \tag{9.1.2}$$

p 次の目標値 $R(s)$ から p 次の制御量 $Y(s)$ までの望ましい特性を表す参照モデルを，次式のように s に関する行列多項式で与える．

$$M_\Sigma(s) Y(s) = R(s) \tag{9.1.3}$$

$$M_\Sigma(s) = \alpha_0 I + \alpha_1 \Sigma s + \alpha_2 \Sigma^2 s^2 + \alpha_3 \Sigma^3 s^3 + \cdots \tag{9.1.4}$$

ここで，係数列 $\{\alpha_k\}$ としては，演習 7.2 と演習 7.3 で検討した式 (7.1.3) あるいは式 (7.1.4) を用いる．また，式 (9.1.4) の右辺の Σ は対角行列

$$\Sigma = \begin{bmatrix} \sigma_1 & & & \\ & \sigma_2 & & \\ & & \ddots & \\ & & & \sigma_p \end{bmatrix} \tag{9.1.5}$$

で定義する．すなわち，非干渉の参照モデルにモデルマッチングすることで，設計後の制御系の非干渉化を図る．また，非干渉化された各部分制御系については，おのおのの特性に応じて立ち上がりの特性が異なってよいものとする． ◀

【演習 9.2】（フィードバック系の伝達関数行列）

図 9.1 に示す多変数 PID 制御系の伝達関数行列を求めよ．

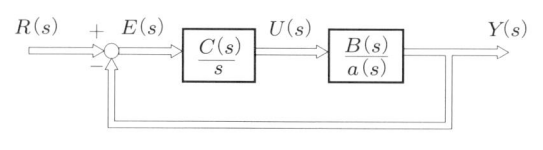

図 9.1 多変数 PID 制御系

[解] PID 制御装置を，つぎのように表現する．

$$\frac{C(s)}{s} = \frac{C_0 + C_1 s + C_2 s^2 + C_3 s^3 + \cdots}{s} \tag{9.1.6}$$

この式において，C_0 が I 動作，C_1 が P 動作，C_2 が D 動作を表しており，さらに C_3 は 2 次の D 動作，C_4 は 3 次の D 動作を表している．

図 9.1 のブロック線図の関係を式で表現するとつぎのようになる．

$$Y(s) = \frac{B(s)}{a(s)} U(s) \tag{9.1.7}$$

$$U(s) = \frac{C(s)}{s} E(s) \tag{9.1.8}$$

$$E(s) = R(s) - Y(s) \tag{9.1.9}$$

これら三つの式から次式が成立する.

$$Y(s) = \frac{B(s)}{a(s)} \cdot \frac{C(s)}{s} \{R(s) - Y(s)\} \tag{9.1.10}$$

上式の両辺に $sa(s)\{B(s)C(c)\}^{-1}$ を掛ける.

$$\left[I + sa(s)\{B(s)C(s)\}^{-1} \right] Y(s) = R(s) \tag{9.1.11}$$

$a(s)$ は,スカラの多項式であることと,$\{B(s)C(s)\}^{-1} = C(s)^{-1}B(s)^{-1}$ を考慮すると式 (9.1.11) は

$$\left\{ I + sC(s)^{-1}B(s)^{-1}a(s) \right\} Y(s) = R(s) \tag{9.1.12}$$

となる.これが多変数 PID 制御系の伝達関数行列である.特に,参照モデル (9.1.3) にあわせて分母系列表現になっていることに注意したい. ◀

【演習 9.3】(モデルマッチング式)

多変数参照モデルと多変数 PID 制御系のモデルマッチング式を求めよ.

解 演習 7.5 の式 (7.1.10) にならって,次式で制御対象の分母系列表現を定義する.

$$H(s) = B(s)^{-1}a(s) = H_0 + H_1 s + H_2 s^2 + H_3 s^3 + \cdots \tag{9.1.13}$$

この $H(s)$ を使うと式 (9.1.12) は,つぎのように書くことができる.

$$\left\{ I + sC(s)^{-1}H(s) \right\} Y(s) = R(s) \tag{9.1.14}$$

このフィードバック系の伝達特性と,参照モデル (9.1.3) を等しいとおくことにより

$$I + sC(s)^{-1}H(s) = M_\Sigma(s) \tag{9.1.15}$$

を得る.これが所望のモデルマッチング式である. ◀

【演習 9.4】(制御対象の分母系列表現)

演習 9.3 の式 (9.1.13) 右辺の係数を求める計算式を導出せよ.また,制御対象の伝達関数 (9.1.1) において,s の低次の次数ほどパラメータ a_i,B_i は正確に求められているという性質は,分母系列表現に変換後も保持されることを示せ.

解 式 (9.1.1) は,分母をスカラ多項式と定義したが,式 (9.1.13) の計算をするには

$$G_p(s) = \{a(s)I_p\}^{-1}B(s) \tag{9.1.16}$$

とおいてから，分母系列表現 $H(s)$ の計算を見直すとわかりやすい．

$$H(s) = B(s)^{-1}\{a(s)I_p\} \tag{9.1.17}$$

割り算を実行すると，つぎのようになる．

$$
\begin{array}{c}
\quad\quad H_0 \quad\quad\quad H_1 \quad\quad\quad\quad\quad H_2 \\
\quad\quad \| \quad\quad\quad\; \| \quad\quad\quad\quad\quad \| \\
\; B_0^{-1}a_0I + B_0^{-1}(a_1I - B_1H_0)s + B_0^{-1}(a_2I - B_1H_1 - B_2H_0)s^2 + \cdots \\
B_0 + B_1 s \;\;\overline{)\; a_0I \quad\; + a_1Is \quad\quad\; + a_2Is^2 \quad\quad\quad\quad\quad + \cdots} \\
\;\;+ B_2 s^2 + \cdots \quad\; a_0I \;\; + B_1H_0s \quad\quad + B_2H_0s^2 \quad\quad\quad\quad\quad + \cdots \\
\overline{\quad\quad\quad\quad\quad 0 \;\; + (a_1I - B_1H_0)s + (a_2I - B_2H_0)s^2 \quad\quad\quad + \cdots} \\
\quad\quad\quad\quad\quad\quad (a_1I - B_1H_0)s + B_1H_1s^2 \quad\quad\quad\quad\quad\quad + \cdots \\
\overline{\quad\quad\quad\quad\quad\quad\quad 0 \quad\quad + (a_2I - B_1H_1 - B_2H_0)s^2 + \cdots} \\
\quad\quad\quad\quad\quad\quad\quad\quad\quad (a_2I - B_1H_1 - B_2H_0)s^2 + \cdots \\
\overline{\quad\quad\quad\quad\quad\quad\quad\quad\quad\quad 0 \quad\quad\quad + \cdots}
\end{array}
$$

したがって，

$$H_0 = B_0^{-1}a_0 I \tag{9.1.18}$$

$$H_1 = B_0^{-1}\left(a_1 I - B_1 H_0\right) \tag{9.1.19}$$

$$H_2 = B_0^{-1}\left(a_2 I - B_1 H_1 - B_2 H_0\right) \tag{9.1.20}$$

$$H_3 = B_0^{-1}\left(a_3 I - B_1 H_2 - B_2 H_1 - B_3 H_0\right) \tag{9.1.21}$$

$$\cdots$$

$$H_i = B_0^{-1}\left(a_i I - B_1 H_{i-1} - B_2 H_{i-2} - \cdots - B_i H_0\right) \tag{9.1.22}$$

と，まとめることができる．

上の式から，s の 0 次の係数である H_0 は，同じく 0 次の係数である a_0 と B_0 から計算され，s の 1 次の係数である H_i は，0 次と 1 次の係数である a_0, B_0, a_1, B_1 から計算されることがわかる．

同様に，i 次の係数である H_i は，i 次以下の係数から計算されるので，制御対象の表現式 (9.1.1) において，低次の係数ほど正確に求められているという性質は，式 (9.1.13) の表現においても保持されているといえる． ◀

【演習 9.5】（制御装置について解く）

演習 9.3 の式 (9.1.15) を $C(s)$ について解け．

解 まずは，式 (9.1.15) の左辺の $C(s)^{-1}H(s)$ の計算を行おう．

$$C(s) = C_0 + C_1 s + C_2 s^2 + C_3 s^3 + \cdots \qquad (9.1.23)$$

$$H(s) = H_0 + H_1 s + H_2 s^2 + H_3 s^3 + \cdots \qquad (9.1.24)$$

であり，s の昇べきに展開して，つぎのように表す．

$$P(s) = C(s)^{-1} H(s) = P_0 + P_1 s + P_2 s^2 + P_3 s^3 + \cdots \qquad (9.1.25)$$

ここで，係数 $P_0, P_1, P_2, P_3, \ldots$ は，先の演習 9.4 の計算結果を流用すれば

$$P_0 = C_0^{-1} H_0 \qquad (9.1.26)$$

$$P_1 = C_0^{-1} (H_1 - C_1 P_0) \qquad (9.1.27)$$

$$P_2 = C_0^{-1} (H_2 - C_1 P_1 - C_2 P_0) \qquad (9.1.28)$$

$$P_3 = C_0^{-1} (H_3 - C_1 P_2 - C_2 P_1 - C_3 P_0) \qquad (9.1.29)$$

$$\cdots$$

$$P_i = C_0^{-1} (H_i - C_1 P_{i-1} - C_2 P_{i-2} - \cdots - C_i P_0) \qquad (9.1.30)$$

で求められることがわかる．式 (9.1.15) は

$$I + sP(s) = M_\Sigma(s) = I + \Sigma s + \alpha_2 \Sigma^2 s^2 + \alpha_3 \Sigma^3 s^3 + \cdots \qquad (9.1.31)$$

となるから，係数比較法によって，つぎの連立方程式を得る．

$$C_0^{-1} H_0 = \Sigma \qquad (9.1.32)$$

$$C_0^{-1} (H_1 - C_1 \Sigma) = \alpha_2 \Sigma^2 \qquad (9.1.33)$$

$$C_0^{-1} \left(H_2 - \alpha_2 C_1 \Sigma^2 - C_2 \Sigma \right) = \alpha_3 \Sigma^3 \qquad (9.1.34)$$

$$C_0^{-1} \left(H_3 - \alpha_3 C_1 \Sigma^3 - \alpha_2 C_2 \Sigma^2 - C_3 \Sigma \right) = \alpha_4 \Sigma^4 \qquad (9.1.35)$$

$$\cdots$$

式 (9.1.32) から

$$C_0 = H_0 \Sigma^{-1} \qquad (9.1.36)$$

を得る．つぎに，式 (9.1.33) は左から C_0 を掛けると

$$H_1 - C_1 \Sigma = \alpha_2 C_0 \Sigma^2 \qquad (9.1.37)$$

となるから，右辺の C_0 に式 (9.1.36) を代入して C_1 について解く．

$$C_1 = H_1 \Sigma^{-1} - \alpha_2 H_0 \qquad (9.1.38)$$

式 (9.1.34) にも同様に，左から C_0 を掛けてから，C_0 と C_1 にそれぞれ式 (9.1.36) と式 (9.1.38) を代入して整理すると，つぎのようになる．

$$H_2 - \alpha_2 H_1 \Sigma - C_2 \Sigma + (\alpha_2{}^2 - \alpha_3)H_0 \Sigma^2 = 0 \tag{9.1.39}$$

これを C_2 について解いて

$$C_2 = H_2 \Sigma^{-1} - \alpha_2 H_1 + (\alpha_2{}^2 - \alpha_3)H_0 \Sigma \tag{9.1.40}$$

を得る．式 (9.1.35) に関しても同様にして

$$H_3 - \alpha_2 H_2 \Sigma - C_3 \Sigma + (\alpha_2{}^2 - \alpha_3)H_1 \Sigma^2 - (\alpha_2{}^3 - 2\alpha_2\alpha_3 + \alpha_4)H_0 \Sigma^3 = 0 \tag{9.1.41}$$

となるから，これを C_3 について解いて

$$C_3 = H_3 \Sigma^{-1} - \alpha_2 H_2 + (\alpha_2{}^2 - \alpha_3)H_1 \Sigma - (\alpha_2{}^3 - 2\alpha_2\alpha_3 + \alpha_4)H_0 \Sigma^2 \tag{9.1.42}$$

を得る． ◀

──【演習 9.6】（多変数 PID 制御系設計公式）──────────────

演習 9.5 の結果から，多変数 PID 制御系設計公式をまとめよ．

解 以下において，PI 動作と PID 動作の場合について制御系設計公式をまとめる．
(1) PI 動作：
C_0 と C_1 を使うので，Σ を含めてパラメータは三つである．したがって，C_0 と C_1 は式 (9.1.36) と式 (9.1.38) で計算し，Σ は式 (9.1.39) で $C_2 = 0$ とおいて決定する．Σ は対角行列であるから，対角要素部分のみについて等式関係を要請することにする．Σ を求める方程式は，つぎのようになる．

$$(\alpha_2{}^2 - \alpha_3)\Sigma^2 - \alpha_2 \left[H_0{}^{-1}H_1\right]_{\text{diag}} \Sigma + \left[H_0{}^{-1}H_2\right]_{\text{diag}} = 0 \tag{9.1.43}$$

(2) PID 動作：
式 (9.1.36), (9.1.38), (9.1.40) の C_0, C_1, C_2 を使い，Σ は式 (9.1.41) で $C_3 = 0$ とおいて決定する．

$$(\alpha_2{}^3 - 2\alpha_2\alpha_3 + \alpha_4)\Sigma^3 - (\alpha_2{}^2 - \alpha_3) \left[H_0{}^{-1}H_1\right]_{\text{diag}} \Sigma^2$$
$$+ \alpha_2 \left[H_0{}^{-1}H_2\right]_{\text{diag}} \Sigma - \left[H_0{}^{-1}H_3\right]_{\text{diag}} = 0 \tag{9.1.44}$$

式 (9.1.43) と式 (9.1.44) において，$[\,\cdot\,]_{\text{diag}}$ は，非対角要素をゼロに置き換える操作を表しており，これらの方程式を満たす正で最小の実数を対角要素とする Σ を求める． ◀

9.2 多変数 PID 制御系設計数値例

多変数 PID 制御を適用した制御系設計の事例を扱おう．ここでは，2 入力 2 出力系の制御対象を二つ扱う．一つ目の制御対象は，干渉項の影響はかなり大きいけれども扱いやすい特性をもつ系である．二つ目の制御対象は，制御対象自身の中で立ち上がり時間が 4 倍違う応答特性が混在し，しかも干渉項の符号に正負が混在する扱いにくい系である．

前者に対しては，PI 動作，PID 動作ともに期待どおりの制御性能を有する制御系を構成できる．しかしながら，後者においては，PID 制御系の設計は失敗する．

【演習 9.7】（制御対象）

制御対象

$$G_p(s) = \frac{B(s)}{a(s)}$$

$$= \frac{\begin{pmatrix} 37.95 & 14.98 \\ 29.95 & 22.98 \end{pmatrix} + \begin{pmatrix} 85.44 & 14.24 \\ 28.48 & 33.76 \end{pmatrix} s + \begin{pmatrix} 49.6 & 2.8 \\ 5.6 & 11.2 \end{pmatrix} s^2 + \begin{pmatrix} 8.0 & 0.0 \\ 0.0 & 1.0 \end{pmatrix} s^3}{52.93 + 298.91s + 484.48s^2 + 336.71s^3 + 111.92s^4 + 17.4s^5 + s^6} \quad (9.2.1)$$

の動特性を調べよ．

解 制御対象自身のステップ応答を図 9.2 に示す．

操作量 u_2 はゼロのままで，操作量 u_1 に単位ステップ入力を印加したときの制御量 y_1, y_2 の時間応答波形を図 9.2(a) に示す．操作量 u_1 から制御量 y_2 への干渉がかなりあることが確かめられる．同様に，図 9.2(b) は，操作量 u_1 はゼロのままで，操作量 u_2 に単位ステップ入力を印加したときの制御量 y_1, y_2 の時間応答波形である．u_2 から y_1 への干渉の様子がよくわかる．また，y_2 よりも y_1 のほうが，立ち上がり時間が若干短いことが確認できる．

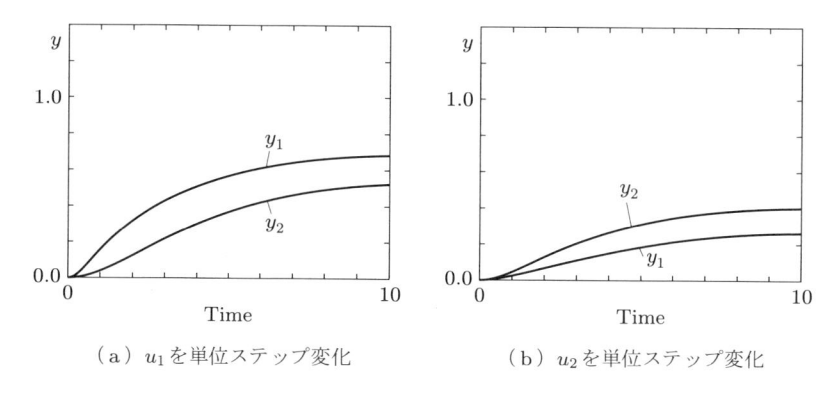

図 **9.2** 制御対象 (9.2.1) のステップ応答

(a) u_1 を単位ステップ変化

(b) u_2 を単位ステップ変化

【演習 9.8】（制御系の設計）

制御対象 (9.2.1) に対し，参照モデルの係数列を演習 7.2 の式 (7.1.3) として PID 制御系を設計せよ．

解 まずは PI 動作で設計しよう．式 (9.1.18)〜(9.1.20) を使って制御対象の分母系列表現の係数行列を求める．

$$H_0 = \begin{pmatrix} 2.873 & -1.873 \\ -3.743 & 4.744 \end{pmatrix}, \quad H_1 = \begin{pmatrix} 4.219 & -1.779 \\ -3.558 & 10.678 \end{pmatrix},$$

$$H_2 = \begin{pmatrix} 1.405 & -0.354 \\ -0.707 & 6.206 \end{pmatrix} \tag{9.2.2}$$

したがって，Σ を求めるための方程式 (9.1.43) は，つぎのようになる．

$$0.100 \Sigma^2 - \begin{pmatrix} 1.009 & 0.0 \\ 0.0 & 1.815 \end{pmatrix} \Sigma + \begin{pmatrix} 0.807 & 0.0 \\ 0.0 & 2.494 \end{pmatrix} = 0 \tag{9.2.3}$$

式 (9.2.3) は，二つのスカラ方程式を表している．これらを別々に解いて

$$\Sigma = \begin{pmatrix} 0.876 & 0.0 \\ 0.0 & 1.498 \end{pmatrix} \tag{9.2.4}$$

を得る．すなわち，$\sigma_1 = 0.876$, $\sigma_2 = 1.498$ となっている．このことは，第 1 制御ループの応答の立ち上がり時間は，第 2 制御ループのそれよりも短いことを意味しており，制御対象自体のステップ応答（図 9.2 参照）から納得できる結果であるといえる．

式 (9.2.4) を式 (9.1.36) と式 (9.1.38) に代入して制御装置のパラメータを求めると

$$C_0 = \begin{pmatrix} 3.279 & -1.250 \\ -4.273 & 3.166 \end{pmatrix}, \quad C_1 = \begin{pmatrix} 3.379 & -0.251 \\ -2.190 & 4.755 \end{pmatrix} \tag{9.2.5}$$

となる．干渉を抑えるために，非対角要素にもゼロでない数値が並んでいることが確かめられる．

つぎに，PID 動作で設計する．式 (9.1.21) より

$$H_3 = \begin{pmatrix} 0.1085 & 0.0128 \\ 0.0256 & 0.9795 \end{pmatrix} \tag{9.2.6}$$

となるから，方程式 (9.1.44) は，つぎのようになる．

$$0.005\Sigma^3 - \begin{pmatrix} 0.2018 & 0.0 \\ 0.0 & 0.3629 \end{pmatrix}\Sigma^2 + \begin{pmatrix} 0.4035 & 0.0 \\ 0.0 & 1.247 \end{pmatrix}\Sigma \\ - \begin{pmatrix} 0.0850 & 0.0 \\ 0.0 & 0.4325 \end{pmatrix} = 0 \tag{9.2.7}$$

この解は

$$\Sigma = \begin{pmatrix} 0.2391 & 0.0 \\ 0.0 & 0.3911 \end{pmatrix} \tag{9.2.8}$$

となるので，この値を式 (9.1.36)，(9.1.38)，(9.1.40) に代入して制御装置のパラメータを求める．

$$C_0 = \begin{pmatrix} 12.01 & -4.788 \\ -15.66 & 12.13 \end{pmatrix}, \quad C_1 = \begin{pmatrix} 16.21 & -3.613 \\ -13.01 & 24.93 \end{pmatrix},$$

$$C_2 = \begin{pmatrix} 3.834 & -0.088 \\ -1.268 & 10.71 \end{pmatrix} \tag{9.2.9}$$

式 (9.2.4) の Σ に比べて，式 (9.2.8) の Σ のほうがかなり小さい値である．これは，PI 動作に比べて PID 動作では，D 動作が加わることにより過渡応答の改善が図られたためである．また，参照モデルとのマッチングについても一つ高い次数までマッチングしており，その分の非干渉化の向上が期待できる． ◀

【演習 9.9】（制御系の性能評価）

演習 9.8 において設計した PID 制御系の性能評価をせよ．

解 目標値をステップ状に変化させたときの PID 制御系の時間応答を，図 9.3 と図 9.4 に示す．

式 (9.2.4) と式 (9.2.8) に示す Σ の値に応じた時間応答波形となっているかどうかを確認しよう．まず，式 (9.2.4) では，$\sigma_1 = 0.876$，$\sigma_2 = 1.498$ となっており，図 9.3 の応答波形はほぼそのようになっている．また，式 (9.2.8) では，$\sigma_1 = 0.2391$，$\sigma_2 = 0.3911$ であって，図 9.4 の応答波形も設計どおりであるといえる．また，非干渉化については，図 9.3 に比べ

(a) r_1 をステップ変化 (b) r_2 をステップ変化

図 **9.3** PID 制御系(PI 動作)の時間応答

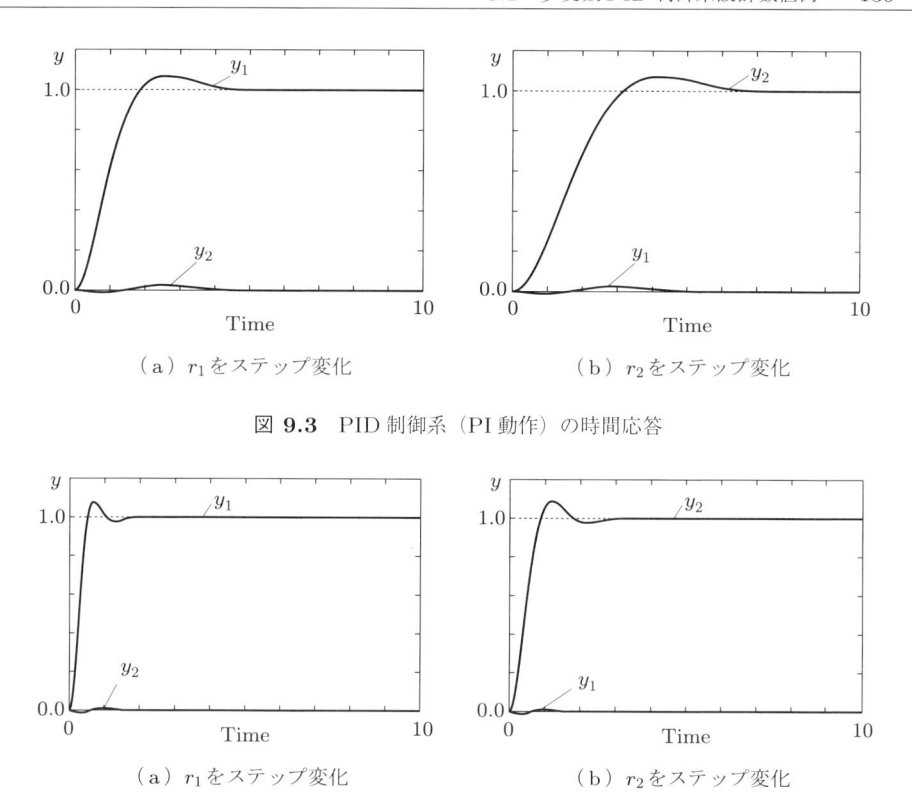

(a) r_1 をステップ変化 (b) r_2 をステップ変化

図 **9.4** PID 制御系(PID 動作)の時間応答

て図 9.4 のほうが達成度がよい.すなわち,PI 動作,PID 動作と制御装置の次数を高めるにつれ,各制御ループの応答特性の改善がみられると同時に,非干渉化も向上していることがわかる.　◀

【演習 9.10】(制御対象)

制御対象

$$G_p(s) = \frac{B(s)}{a(s)} = \begin{pmatrix} \dfrac{0.28}{(1+3s)(1+7s)} & \dfrac{-0.33}{(1+5s)(1+6s)} \\ \dfrac{0.4}{(1+9s)(1+30s)} & \dfrac{0.5}{(1+18s)(1+24s)} \end{pmatrix} \tag{9.2.10}$$

の動特性を調べよ.

解　制御対象自身のステップ応答を図 9.5 に示す.

第9章 多変数PID制御

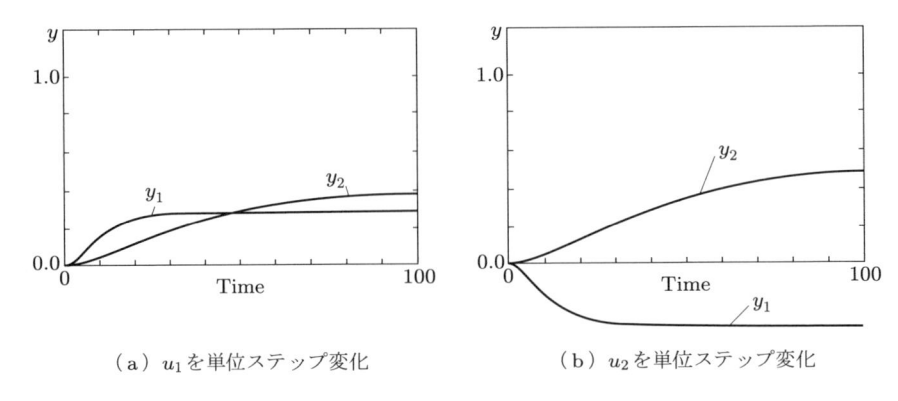

(a) u_1 を単位ステップ変化　　**(b) u_2 を単位ステップ変化**

図 9.5 制御対象 (9.2.10) のステップ応答

操作量 u_2 はゼロのままで，操作量 u_1 に単位ステップ入力を印加したときの制御量 y_1，y_2 の時間応答波形を図 9.5(a) に示す．操作量 u_1 から制御量 y_2 への干渉がかなりあることが確かめられる．同様に，図 9.5(b) は，操作量 u_1 はゼロのままで，操作量 u_2 に単位ステップ入力を印加したときの制御量 y_1，y_2 の時間応答波形である．u_2 から y_1 への干渉の様子がよくわかる．また，y_1 の立ち上がり時間が約 10 秒であるのに比べ，y_2 の立ち上がり時間は約 40 秒であり，立ち上がり時間がほぼ 4 倍異なるシステムである． ◀

【演習 9.11】 (制御系の設計)

制御対象 (9.2.10) に対し，参照モデルの係数列を演習 7.3 の式 (7.1.4) として PID 制御系を設計せよ．

解　まずは PI 動作で設計しよう．式 (9.1.18)〜(9.1.20) を使って制御対象の分母系列表現の係数行列を求める．

$$H_0 = \begin{pmatrix} 1.838 & 1.213 \\ -1.471 & 1.029 \end{pmatrix}, \quad H_1 = \begin{pmatrix} 16.60 & 48.57 \\ -17.69 & 42.24 \end{pmatrix},$$

$$H_2 = \begin{pmatrix} -16.76 & 402.5 \\ -92.61 & 381.7 \end{pmatrix} \tag{9.2.11}$$

したがって，Σ を求めるための方程式 (9.1.43) は，つぎのようになる．

$$0.100 \Sigma^2 - \begin{pmatrix} 5.243 & 0.0 \\ 0.0 & 20.27 \end{pmatrix} \Sigma + \begin{pmatrix} 25.87 & 0.0 \\ 0.0 & 351.9 \end{pmatrix} = 0 \tag{9.2.12}$$

これを解いて

$$\Sigma = \begin{pmatrix} 5.514 & 0.0 \\ 0.0 & 19.17 \end{pmatrix} \tag{9.2.13}$$

を得る．式 (9.2.13) を式 (9.1.36) と式 (9.1.38) に代入して，制御装置のパラメータを求めると

$$C_0 = \begin{pmatrix} 0.333 & 0.063 \\ -0.267 & 0.054 \end{pmatrix}, \quad C_1 = \begin{pmatrix} 2.091 & 1.927 \\ -2.473 & 1.688 \end{pmatrix} \tag{9.2.14}$$

となる．式 (9.2.13) の Σ は，フィードバック制御系の立ち上がり時間を表しており，制御対象自身の立ち上がり時間に比べて各制御ループとも約半分の値に速応性が改善されている．

つぎに，PID 動作で設計する．式 (9.1.21) より

$$H_3 = \begin{pmatrix} 1977.7 & -311.8 \\ 1632.6 & 24.5 \end{pmatrix} \tag{9.2.15}$$

となるから，方程式 (9.1.44) は，つぎのようになる．

$$0.0050\Sigma^3 - \begin{pmatrix} 1.049 & 0.0 \\ 0.0 & 4.054 \end{pmatrix}\Sigma^2 + \begin{pmatrix} 12.93 & 0.0 \\ 0.0 & 175.9 \end{pmatrix}\Sigma$$
$$- \begin{pmatrix} 15.00 & 0.0 \\ 0.0 & -112.4 \end{pmatrix} = 0 \tag{9.2.16}$$

この解は

$$\Sigma = \begin{pmatrix} 1.295 & 0.0 \\ 0.0 & 46.68 \end{pmatrix} \tag{9.2.17}$$

となるので，この値を式 (9.1.36)，(9.1.38)，(9.1.40) に代入して制御装置のパラメータを求める．

$$C_0 = \begin{pmatrix} 1.420 & 0.026 \\ -1.136 & 0.022 \end{pmatrix}, \quad C_1 = \begin{pmatrix} 11.90 & 0.434 \\ -12.93 & 0.390 \end{pmatrix},$$
$$C_2 = \begin{pmatrix} -21.00 & -9.995 \\ -62.86 & -8.135 \end{pmatrix} \tag{9.2.18}$$

式 (9.2.17) から，第 1 制御ループの立ち上がり時間が $\sigma_1 = 1.295$ であることがわかる．この値は，制御対象自身の立ち上がり時間の約 1/8 までに改善できていることを意味する．しかしながら，第 2 制御ループの立ち上がり時間は $\sigma_2 = 46.68$ であって，PI 動作の場合よりもはるかに大きい値である．すなわち，制御系設計がうまくいかなかったと判断できる．◂

―【演習 9.12】（制御系の性能評価）――――――――――――――――
演習 9.11 において設計した PID 制御系の性能評価をせよ．

解 目標値をステップ状に変化させたときの PID 制御系の時間応答を図 9.6 と図 9.7 に示す．

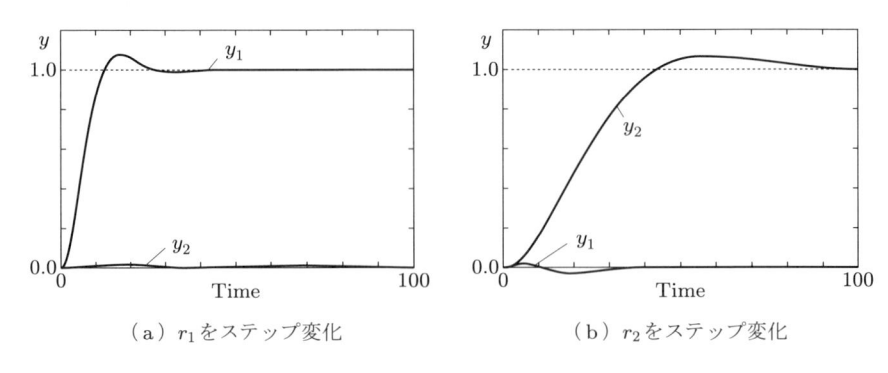

図 9.6 PID 制御系（PI 動作）の時間応答

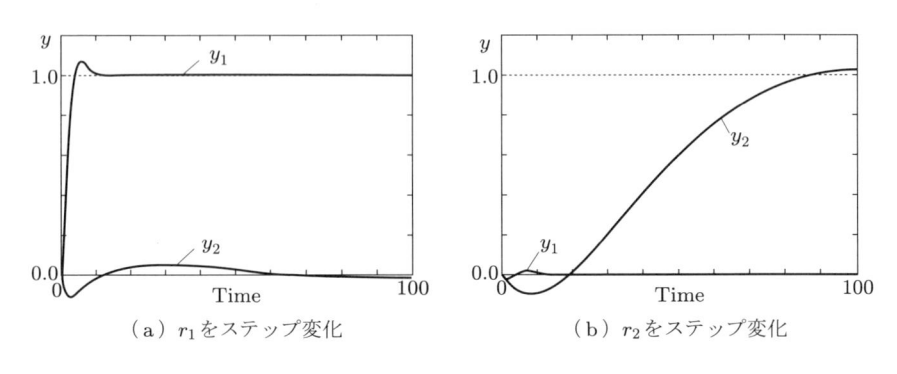

図 9.7 PID 制御系（PID 動作）の時間応答

PI 動作の場合は，各制御ループの速応性の改善が見られると同時に，非干渉化もほぼ達成できていることがわかる．しかしながら，PID 動作の場合は制御系設計がうまくいかなかった．このように，部分的モデルマッチング法は，制御対象の部分的情報を使ってのマッチングであることから，つねに所望の応答特性が得られるとは限らない． ◀

9.3　異なるサンプリング周期を有する多変数ディジタル PID 制御

図 9.8 は，多変数ディジタル PID 制御系の構成を表している．

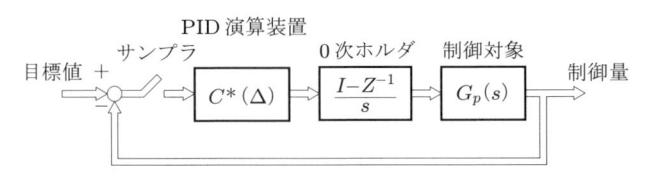

図 9.8 多変数ディジタル PID 制御系

9.3 異なるサンプリング周期を有する多変数ディジタル PID 制御

ここで，ディジタル PID 制御装置は，サンプラ，演算装置，0 次ホルダからなり，制御ループごとに異なるサンプリング周期 $\tau_1, \tau_2, \ldots, \tau_p$ を与えている．本節では，図 9.9 のように制御装置を構成する場合において考察をすすめる．

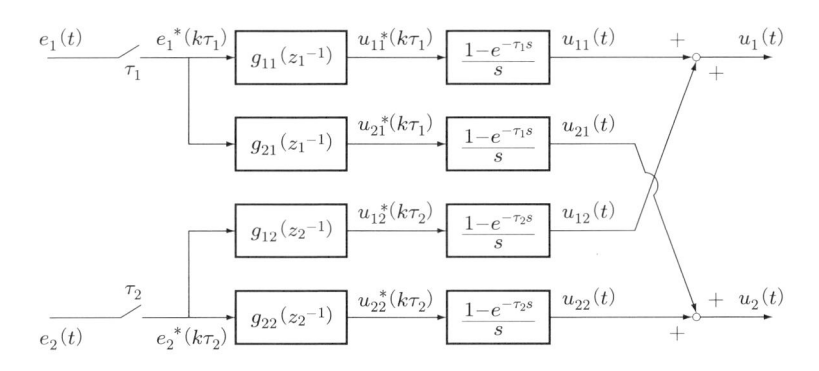

図 **9.9** 多変数ディジタル PID 制御装置

【演習 9.13】（ディジタル制御装置の連続時間近似表現）

サンプリング周期 τ がゼロの場合もあわせて扱うことのできるように，ディジタル制御装置の表現を工夫したうえで連続時間近似表現を求めよ．

解 PID 演算装置 $C^*(\Delta)$ を次式で与える．

$$C^*(\Delta) = C_0^* \Delta^{-1} + C_1^* + C_2^* \Delta + C_3^* \Delta^2 + \cdots \tag{9.3.1}$$

$$\Delta = \begin{bmatrix} \delta_1 & & & \\ & \delta_2 & & \\ & & \ddots & \\ & & & \delta_p \end{bmatrix} \tag{9.3.2}$$

$$\delta_i = \frac{1 - z_i^{-1}}{\tau_i}, \quad z_i = e^{\tau_i s} \tag{9.3.3}$$

式 (9.3.3) で定義した δ_i は，演習 8.1 で定義した δ と同じである．ここでは，制御ループごとにサンプリング周期が異なるので，それに対応する T, Z を次式で導入する．

$$T = \begin{bmatrix} \tau_1 & & & \\ & \tau_2 & & \\ & & \ddots & \\ & & & \tau_p \end{bmatrix} \tag{9.3.4}$$

$$Z = \begin{bmatrix} z_1 & & & \\ & z_2 & & \\ & & \ddots & \\ & & & z_p \end{bmatrix} \qquad (9.3.5)$$

これらの対角行列 T, Z を用いて，PID 演算装置の前後にサンプラと 0 次ホルダを備えたディジタル制御装置の連続時間近似表現は

$$\begin{aligned} \frac{C(s)}{s} &= \frac{1}{s}\left[C^*(\Delta)T^{-1}(I - Z^{-1})\right] \\ &= \frac{1}{s}\left[C_0{}^* + C_1{}^*\Delta + C_2{}^*\Delta^2 + C_3{}^*\Delta^3 + \cdots\right] \end{aligned} \qquad (9.3.6)$$

で与えることができる． ◀

【演習 9.14】（連続時間制御装置とのパラメータの関係）

連続時間 PID 制御装置のパラメータとディジタル PID 制御装置のパラメータの関係を明らかにせよ．

解 演習 9.13 において，多変数ディジタル PID 制御装置の連続時間近似表現を得た．また，連続時間 PID 制御装置は，演習 9.2 の式 (9.1.6) である．したがって，次式が成り立つ．

$$\begin{aligned} &\frac{1}{s}\left[C_0 + C_1 s + C_2 s^2 + C_3 s^3 + \cdots\right] \\ &= \frac{1}{s}\left[C_0{}^* + C_1{}^*\Delta + C_2{}^*\Delta^2 + C_3{}^*\Delta^3 + \cdots\right] \end{aligned} \qquad (9.3.7)$$

ここで，

$$\Delta = \begin{bmatrix} \delta_1 & & & \\ & \delta_2 & & \\ & & \ddots & \\ & & & \delta_p \end{bmatrix}, \quad \delta_i = \frac{1 - e^{-\tau_i s}}{\tau_i} \qquad (9.3.8)$$

$$e^{-\tau_i s} = 1 - \tau_i s + \frac{1}{2}\tau_i{}^2 s^2 - \frac{1}{6}\tau_i{}^3 s^3 + \frac{1}{24}\tau_i{}^4 s^4 - \cdots \qquad (9.3.9)$$

であるから，式 (9.3.7) の右辺は，つぎのようになる．

$$\begin{aligned} &\frac{1}{s}\left[C_0{}^* + C_1{}^*\Delta + C_2{}^*\Delta^2 + C_3{}^*\Delta^3 + \cdots\right] \\ &= \frac{1}{s}\Big[C_0{}^* + C_1{}^* s + \left(C_2{}^* - \frac{1}{2}C_1{}^*T\right)s^2 + \left(C_3{}^* - C_2{}^*T + \frac{1}{6}C_1{}^*T^2\right)s^3 \\ &\quad + \left(C_4{}^* - \frac{3}{2}C_3{}^*T + \frac{7}{12}C_2{}^*T^2 - \frac{1}{24}C_1{}^*T^3\right)s^4 + \cdots\Big] \end{aligned} \qquad (9.3.10)$$

式 (9.3.7) は，s に関する恒等式であるから，係数比較法によって

$$C_0 = C_0{}^* \tag{9.3.11}$$

$$C_1 = C_1{}^* \tag{9.3.12}$$

$$C_2 = C_2{}^* - \frac{1}{2}C_1{}^*T \tag{9.3.13}$$

$$C_3 = C_3{}^* - C_2{}^*T + \frac{1}{6}C_1{}^*T^2 \tag{9.3.14}$$

$$C_4 = C_4{}^* - \frac{3}{2}C_3{}^*T + \frac{7}{12}C_2{}^*T^2 - \frac{1}{24}C_1{}^*T^3 \tag{9.3.15}$$

を得る．これを，ディジタル PID 制御装置のパラメータ $C_i{}^*$ について解く．

$$C_0{}^* = C_0 \tag{9.3.16}$$

$$C_1{}^* = C_1 \tag{9.3.17}$$

$$C_2{}^* = C_2 + \frac{1}{2}C_1 T \tag{9.3.18}$$

$$C_3{}^* = C_3 + C_2 T + \frac{1}{3}C_1 T^2 \tag{9.3.19}$$

$$C_4{}^* = C_4 + \frac{3}{2}C_3 T + \frac{11}{12}C_2 T^2 + \frac{1}{4}C_1 T^3 \tag{9.3.20}$$

$\cdots$

◀

【演習 9.15】（異なるサンプリング周期を有する PID 制御系設計公式）

演習 9.14 の結果を用いて，異なるサンプリング周期を有する多変数ディジタル PID 制御系設計公式を導出せよ．

解 　連続時間多変数 PID 制御装置のパラメータ C_i は，演習 9.5 においてすでに求めている．

$$C_0 = H_0 \Sigma^{-1} \tag{9.3.21}$$

$$C_1 = H_1 \Sigma^{-1} - \alpha_2 H_0 \tag{9.3.22}$$

$$C_2 = H_2 \Sigma^{-1} - \alpha_2 H_1 + (\alpha_2{}^2 - \alpha_3) H_0 \Sigma \tag{9.3.23}$$

$$\begin{aligned}C_3 = {}& H_3 \Sigma^{-1} - \alpha_2 H_2 + (\alpha_2{}^2 - \alpha_3) H_1 \Sigma \\ & - (\alpha_2{}^3 - 2\alpha_2 \alpha_3 + \alpha_4) H_0 \Sigma^2 \end{aligned} \tag{9.3.24}$$

$\cdots$

これらを演習 9.14 の結果に代入して

$$C_0{}^* = H_0 \Sigma^{-1} \tag{9.3.25}$$

$$C_1{}^* = H_1 \Sigma^{-1} - \alpha_2 H_0 \tag{9.3.26}$$

$$C_2{}^* = \left(H_2 + \frac{1}{2}H_1 T\right)\Sigma^{-1} - \alpha_2\left(H_1 + \frac{1}{2}H_0 T\right)$$
$$+ (\alpha_2{}^2 - \alpha_3)H_0 \Sigma \tag{9.3.27}$$

$$C_3{}^* = \left(H_3 + H_2 T + \frac{1}{3}H_1 T^2\right)\Sigma^{-1} - \alpha_2\left(H_2 + H_1 T + \frac{1}{3}H_0 T^2\right)$$
$$+ (\alpha_2{}^2 - \alpha_3)(H_1 + H_0 T)\Sigma - (\alpha_2{}^3 - 2\alpha_2\alpha_3 + \alpha_4)H_0 \Sigma^2 \tag{9.3.28}$$

$$\cdots$$

となる．PI 動作においては $C_0{}^*$，$C_1{}^*$ を，PID 動作においては $C_0{}^*$，$C_1{}^*$，$C_2{}^*$ を使うことにより，Σ の満たすべき方程式は，つぎのようになる．

(1) PI 動作：

$$(\alpha_2{}^2 - \alpha_3)\Sigma^2 - \alpha_2\left[H_0^{-1}H_1 + \frac{1}{2}T\right]_{\text{diag}}\Sigma$$
$$+ \left[H_0^{-1}\left(H_2 + \frac{1}{2}H_1 T\right)\right]_{\text{diag}} = 0 \tag{9.3.29}$$

(2) PID 動作：

$$(\alpha_2{}^3 - 2\alpha_2\alpha_3 + \alpha_4)\Sigma^3 - (\alpha_2{}^2 - \alpha_3)\left[H_0^{-1}H_1 + T\right]_{\text{diag}}\Sigma^2$$
$$+ \alpha_2\left[H_0^{-1}(H_2 + H_1 T) + \frac{1}{3}T^2\right]_{\text{diag}}\Sigma$$
$$- \left[H_0^{-1}\left(H_3 + H_2 T + \frac{1}{3}H_1 T^2\right)\right]_{\text{diag}} = 0 \tag{9.3.30}$$

ここで，$[\cdot]_{\text{diag}}$ は，非対角要素をゼロに置き換える操作を表しており，これらの方程式を満たす正で最小の実数を対角要素とする Σ を求める． ◀

【演習 9.16】（異なるサンプリング周期を有する PID 制御アルゴリズム）

演習 9.15 の結果を用いて，異なるサンプリング周期を有する PID 制御アルゴリズムを導出せよ．

解 制御ループごとにサンプリング周期が異なる PID 制御アルゴリズムを考察しよう．
(1) PI 動作：
演算装置は式 (9.3.1) で与えた．

$$C^*(\Delta) = C_0^* \Delta^{-1} + C_1^* \tag{9.3.31}$$

これをシフト演算子で表現すると

$$G(Z^{-1}) = (G_0 - G_1 Z^{-1})(I - Z^{-1})^{-1} \tag{9.3.32}$$

となる．ここで

$$G_0 = C_0^* T + C_1^* \tag{9.3.33}$$

$$G_1 = C_1^* \tag{9.3.34}$$

である．したがって，演算装置 $g_{ij}(z_j^{-1})$ およびその出力 $u_{ij}^*(k\tau_j)$ は，次式であることがわかる．

$$g_{ij}(z_j^{-1}) = \left(g_{0ij} - g_{1ij} z_j^{-1}\right)(1 - z_j^{-1})^{-1} \tag{9.3.35}$$

$$g_{0ij} = c_{0ij}^* \cdot \tau_j + c_{1ij}^* \tag{9.3.36}$$

$$g_{1ij} = c_{1ij}^* \tag{9.3.37}$$

$$u_{ij}^*(k\tau_j) = u_{ij}^*(\overline{k-1}\tau_j) + \tilde{u}_{ij}^*(k\tau_j) \tag{9.3.38}$$

$$\tilde{u}_{ij}^*(k\tau_j) = g_{0ij} e_j^*(k\tau_j) - g_{1ij} e_j^*(\overline{k-1}\tau_j) \tag{9.3.39}$$

(2) PID 動作：

演算装置は

$$C^*(\Delta) = C_0^* \Delta^{-1} + C_1^* + C_2^* \Delta \tag{9.3.40}$$

であるから，シフト演算子で表現すると

$$G(Z^{-1}) = (G_0 - G_1 Z^{-1} + G_2 Z^{-2})(I - Z^{-1})^{-1} \tag{9.3.41}$$

$$G_0 = C_0^* T + C_1^* + C_2^* T^{-1} \tag{9.3.42}$$

$$G_1 = C_1^* + 2C_2^* T^{-1} \tag{9.3.43}$$

$$G_2 = C_2^* T^{-1} \tag{9.3.44}$$

である．したがって，演算装置 $g_{ij}(z_j^{-1})$ およびその出力 $u_{ij}^*(k\tau_j)$ は次式であることがわかる．

$$g_{ij}(z_j^{-1}) = \left(g_{0ij} - g_{1ij} z_j^{-1} + g_{2ij} z_j^{-2}\right)(1 - z_j^{-1})^{-1} \tag{9.3.45}$$

$$g_{0ij} = c_{0ij}^* \cdot \tau_j + c_{1ij}^* + c_{2ij}^* \cdot \tau_j^{-1} \tag{9.3.46}$$

$$g_{1ij} = c_{1ij}^* + 2c_{2ij}^* \cdot \tau_j^{-1} \tag{9.3.47}$$

$$g_{2ij} = c_{2ij}^* \cdot \tau_j^{-1} \tag{9.3.48}$$

$$u_{ij}^*(k\tau_j) = u_{ij}^*(\overline{k-1}\tau_j) + \tilde{u}_{ij}^*(k\tau_j) \tag{9.3.49}$$

$$\tilde{u}_{ij}{}^*(k\tau_j) = g_{0ij}e_j{}^*(k\tau_j) - g_{1ij}e_j{}^*(\overline{k-1}\tau_j) + g_{2ij}e_j{}^*(\overline{k-2}\tau_j) \quad (9.3.50)$$

ただし，$c_{0ij}{}^*$, $c_{1ij}{}^*$, $c_{2ij}{}^*$ は，それぞれ $p \times p$ 行列 $C_0{}^*$, $C_1{}^*$, $C_2{}^*$ の ij 要素を表し，$e_j{}^*(k\tau_j)$ は，制御偏差 $e(t)$ の第 j 成分 $e_j(t)$ の $t=k\tau_j$ 時刻での値である．

さて，サンプリング周期 τ_2 で稼動しているサンプラを通して，制御偏差 $e_2{}^*(k\tau_2)$ の情報が演算装置に入力されたときについて考えよう．

このとき演算装置では，

$$u_{i2}{}^*(k\tau_2) = u_{i2}{}^*(\overline{k-1}\tau_2) + \tilde{u}_{i2}{}^*(k\tau_2) \quad (9.3.51)$$

$$\tilde{u}_{i2}{}^*(k\tau_2) = g_{0i2}e_2{}^*(k\tau_2) - g_{1i2}e_2{}^*(\overline{k-1}\tau_2) + g_{2i2}e_2{}^*(\overline{k-2}\tau_2) \quad (9.3.52)$$

を計算する．$u_{i2}{}^*(k\tau_2)$ をホールド周期 τ_2 で 0 次ホールドしたものを $u_{i2}(t)$ と記述すれば，ディジタル制御装置の出力，すなわち操作量は，次式により得ることができる．

$$u_i(t) = \sum_{j=1}^{p} u_{ij}(t), \quad i=1,\ldots,p \quad (9.3.53)$$

ここで注目すべきは，$u_{ij}(t)$, $j \neq 2$ は変化していない点である． ◀

9.4 多変数ディジタル PID 制御系設計数値例

異なるサンプリング周期を有する多変数ディジタル PID 制御を適用した，制御系設計の事例を扱おう．二つの制御量の立ち上がり時間が大きく異なる 2 入力 2 出力の制御対象 (9.2.10) に対し，9.3 節で学んだ設計法を適用して制御系を構成する．

【演習 9.17】（制御系の設計）

制御対象 (9.2.10) に対し，参照モデルの係数列を演習 7.2 の式 (7.1.3) として，ディジタル PID 制御系を設計せよ．

解　まずは，サンプリング周期を $\tau_1 = \tau_2 = 2.0$ として PI 動作で設計しよう．式 (9.2.11) と

$$T = \begin{pmatrix} 2.0 & 0.0 \\ 0.0 & 2.0 \end{pmatrix} \quad (9.4.1)$$

から，Σ を求めるための方程式 (9.3.29) は，つぎのようになる．

$$0.100\Sigma^2 - \begin{pmatrix} 20.77 & 0.0 \\ 0.0 & 5.743 \end{pmatrix}\Sigma + \begin{pmatrix} 36.35 & 0.0 \\ 0.0 & 392.4 \end{pmatrix} = 0 \quad (9.4.2)$$

方程式 (9.4.2) を解いて

$$\varSigma = \begin{pmatrix} 7.244 & 0.0 \\ 0.0 & 21.02 \end{pmatrix} \qquad (9.4.3)$$

を得る．PI 動作の演算装置

$$C^*(\Delta) = C_0^* \Delta^{-1} + C_1^* \qquad (9.4.4)$$

$$\Delta = \begin{bmatrix} \delta_1 & & & \\ & \delta_2 & & \\ & & \ddots & \\ & & & \delta_p \end{bmatrix} \qquad (9.4.5)$$

$$\delta_i = \frac{1 - z_i^{-1}}{\tau_i}, \quad z_i = e^{\tau_i s} \qquad (9.4.6)$$

のパラメータは，式 (9.3.25) と式 (9.3.26) から求めて

$$C_0^* = \begin{pmatrix} 0.2538 & 0.0577 \\ -0.2030 & 0.0490 \end{pmatrix}, \quad C_1^* = \begin{pmatrix} 1.372 & 1.704 \\ -1.707 & 1.495 \end{pmatrix} \qquad (9.4.7)$$

となる．式 (9.4.4) の演算装置をシフト演算子で表現すると

$$G(Z^{-1}) = (G_0 - G_1 Z^{-1})(I - Z^{-1})^{-1} \qquad (9.4.8)$$

$$Z = \begin{bmatrix} z_1 & & & \\ & z_2 & & \\ & & \ddots & \\ & & & z_p \end{bmatrix}, \quad z_i = e^{\tau_i s} \qquad (9.4.9)$$

であり，このパラメータは，式 (9.3.33) と式 (9.3.34) から計算する．

$$G_0 = \begin{pmatrix} 1.880 & 1.819 \\ -2.113 & 1.593 \end{pmatrix}, \quad G_1 = \begin{pmatrix} 1.372 & 1.704 \\ -1.707 & 1.495 \end{pmatrix} \qquad (9.4.10)$$

同様に，$\tau_1 = \tau_2 = 15.0$ の場合を計算すると，つぎのようになる．

$$T = \begin{pmatrix} 15.0 & 0.0 \\ 0.0 & 15.0 \end{pmatrix} \qquad (9.4.11)$$

であるから，$\varSigma$ を求めるための方程式は，

$$0.100 \varSigma^2 - \begin{pmatrix} 8.993 & 0.0 \\ 0.0 & 24.02 \end{pmatrix} \varSigma + \begin{pmatrix} 104.5 & 0.0 \\ 0.0 & 656.0 \end{pmatrix} = 0 \qquad (9.4.12)$$

となり，これを解いて次式を得る．

$$\varSigma = \begin{pmatrix} 13.71 & 0.0 \\ 0.0 & 31.42 \end{pmatrix} \qquad (9.4.13)$$

このときの演算装置のパラメータは

であり，演算装置をシフト演算子で表現するときのパラメータを計算すると，つぎのようになる．

$$C_0{}^* = \begin{pmatrix} 0.1341 & 0.0386 \\ -0.1072 & 0.0328 \end{pmatrix}, \quad C_1{}^* = \begin{pmatrix} 0.2913 & 0.9393 \\ -0.5548 & 0.8297 \end{pmatrix} \quad (9.4.14)$$

$$G_0 = \begin{pmatrix} 2.302 & 1.519 \\ -2.164 & 1.321 \end{pmatrix}, \quad G_1 = \begin{pmatrix} 0.2913 & 0.9393 \\ -0.5548 & 0.8297 \end{pmatrix} \quad (9.4.15)$$

続いて，$\tau_1 = \tau_2 = 20$ に設定する．

$$T = \begin{pmatrix} 20.0 & 0.0 \\ 0.0 & 20.0 \end{pmatrix} \quad (9.4.16)$$

であるから，方程式

$$0.100 \Sigma^2 - \begin{pmatrix} 10.24 & 0.0 \\ 0.0 & 25.27 \end{pmatrix} \Sigma + \begin{pmatrix} 130.7 & 0.0 \\ 0.0 & 757.3 \end{pmatrix} = 0 \quad (9.4.17)$$

を解いて

$$\Sigma = \begin{pmatrix} 14.94 & 0.0 \\ 0.0 & 34.74 \end{pmatrix} \quad (9.4.18)$$

を得る．このときの演算装置のパラメータは

$$C_0{}^* = \begin{pmatrix} 0.1230 & 0.0349 \\ -0.0984 & 0.0296 \end{pmatrix}, \quad C_1{}^* = \begin{pmatrix} 0.1917 & 0.7912 \\ -0.4486 & 0.7010 \end{pmatrix} \quad (9.4.19)$$

と得られ，演算装置をシフト演算子で表現するときのパラメータは

$$G_0 = \begin{pmatrix} 2.652 & 1.490 \\ -2.417 & 1.294 \end{pmatrix}, \quad G_1 = \begin{pmatrix} 0.1917 & 0.7912 \\ -0.4486 & 0.7010 \end{pmatrix} \quad (9.4.20)$$

となる．

最後に，制御ループごとに異なるサンプリング周期を設定しよう．$\tau_1 = 2.0$, $\tau_2 = 20.0$ として，いままでと同様に計算すると，

$$T = \begin{pmatrix} 2.0 & 0.0 \\ 0.0 & 20.0 \end{pmatrix} \quad (9.4.21)$$

であるから方程式は

$$0.100 \Sigma^2 - \begin{pmatrix} 5.743 & 0.0 \\ 0.0 & 25.27 \end{pmatrix} \Sigma + \begin{pmatrix} 36.35 & 0.0 \\ 0.0 & 757.3 \end{pmatrix} = 0 \quad (9.4.22)$$

となる．これを解いて

$$\Sigma = \begin{pmatrix} 7.244 & 0.0 \\ 0.0 & 34.74 \end{pmatrix} \quad (9.4.23)$$

を得る．また，演算装置のパラメータは，つぎのように求められる．

$$C_0^* = \begin{pmatrix} 0.2538 & 0.0349 \\ -0.2030 & 0.0296 \end{pmatrix}, \quad C_1^* = \begin{pmatrix} 1.372 & 0.7912 \\ -1.707 & 0.7010 \end{pmatrix} \quad (9.4.24)$$

$$G_0 = \begin{pmatrix} 1.880 & 1.490 \\ -2.113 & 1.294 \end{pmatrix}, \quad G_1 = \begin{pmatrix} 1.372 & 0.7912 \\ -1.707 & 0.7010 \end{pmatrix} \quad (9.4.25)$$

設定するサンプリング周期が長くなるにつれて，フィードバック系の立ち上がり時間を表す Σ の値がしだいに大きくなることがわかる．制御ループごとに異なるサンプリング周期を設定したときは，短いサンプリング周期を設定した制御ループの立ち上がり時間は短く，長いサンプリング周期を設定した制御ループの立ち上がり時間は長くなる． ◀

【演習 9.18】（制御系の性能評価）

演習 9.17 において設計した PID 制御系の性能評価をせよ．

解 目標値 r_1 をステップ状に変化させたときの PID 制御系の時間応答を図 9.10 に示す．

(a) $\tau_1 = \tau_2 = 2.0$

(b) $\tau_1 = \tau_2 = 15.0$

(c) $\tau_1 = \tau_2 = 20.0$

(d) $\tau_1 = 2.0, \ \tau_2 = 20.0$

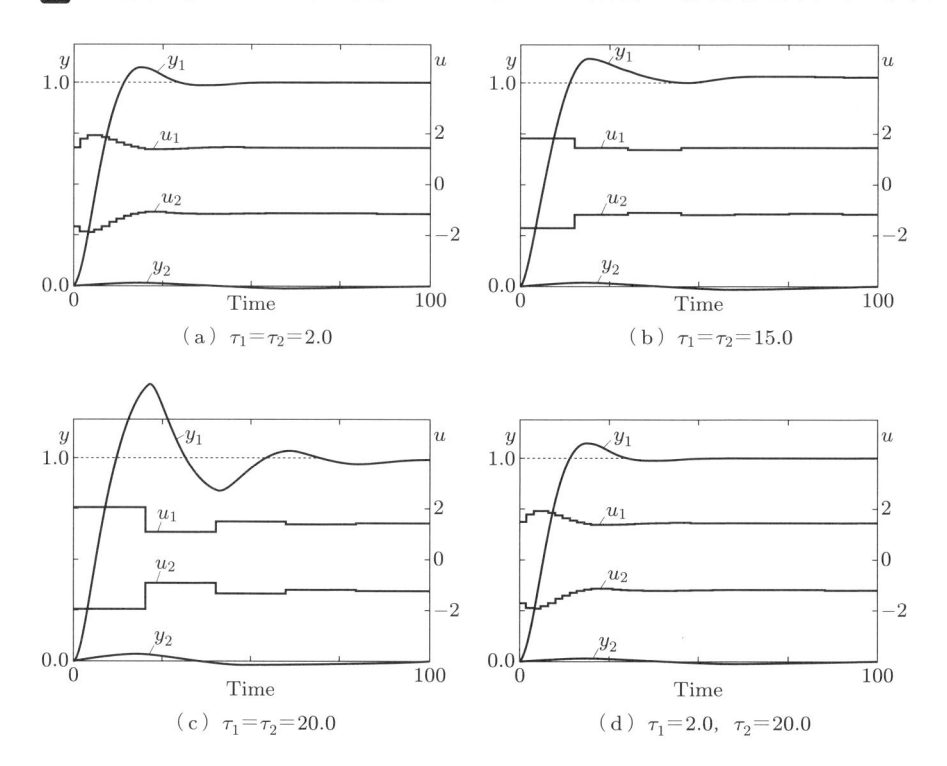

図 **9.10** PID 制御系の時間応答

図 9.10 (a) は，サンプリング周期 τ_1, τ_2 をともに 2.0 秒に設定した場合である．非干渉化とともに y_1 の応答特性もよく設計できていることがみられる．同様に，図 (b) は 15.0 秒，図 (c) は 20.0 秒にサンプリング周期を設定した場合である．非干渉化はほぼ達成できているものの，y_1 の応答が乱れている．

上述のように，系全体にわたって共通のサンプリング周期をとる場合は，もっとも早い立ち上がり時間の制御量にあわせて，すべての制御ループのサンプリング周期を短くしなくては良好な制御性能を得ることができない．

しかしながら，9.3 節で習得した設計法では，サンプリング周期を制御ループごとに独立に設定することも可能である．$\tau_1 = 2.0$, $\tau = 20.0$ として設計した PID 制御系の時間応答を示したものが図 9.10 (d) である．図 (a) と図 (d) は，ほとんど同じような応答をすることがよくわかる．すなわち，目標値が変化する制御ループのサンプリング周期を，そのループの制御量の立ち上がり時間の 1/4 ほどの値に設定しておけば，ほかの制御ループのサンプリング周期は，対応する制御量の立ち上がり時間の半分程度の値に設定しても，良好な制御性能を得ることができる． ◀

10 多変数 I-PD 制御

I-PD 制御に関しては，7.4 節と 8.4 節において学習した．まず，7.4 節では I-PD 制御系の構造を習ったうえで，フィードバック系の特性を参照モデルに，s の低次から順にマッチングする手法を設計公式としてまとめた．その後，制御装置をディジタル計算機で実現するために，ディジタル I-PD 制御系の設計公式を 8.4 節で導出した．本章では，上記二つの設計公式の多変数系への拡張を行う．ただし設計仕様は，第 9 章の多変数 PID 制御においてまとめたものと同じである．

10.3 節において，ディジタル I-PD 制御の多変数系への拡張を行うにあたり，制御ループごとにサンプリング周期が異なってもかまわないことにする．これによって，余分な計算を省くことができ，計算機の負荷を軽減することが可能となる．この考えは，9.3 節の異なるサンプリング周期を有する多変数ディジタル PID 制御においての設計思想を踏襲するものである．

9.3 節と 10.3 節では，制御ループごとにサンプリング周期を異なる値に設定するために，これらを表す変数を対角行列として扱う．この方法を真似ると，部分制御系ごとに異なる参照モデルを設定することができる．さらには，演習 7.2 と演習 7.3 において学んだ参照モデルをパラメータで結合して，二つのモデルの特性の中間的な特性をつくりだし，これらを部分制御系ごとに設定することも容易にできる．部分制御系ごとに異なる参照モデルを設定するには，参照モデルの係数を対角行列にすればよい．しかしながら，その後の式の展開が煩雑になるので，第 9 章，第 10 章においては，これらの設計公式の導出は割愛している．

10.1 部分的モデルマッチング法による多変数 I-PD 制御

本章で扱う制御対象は，p 次の入力，p 次の出力をもち，その伝達関数行列は次式で記述されているとする．

$$G_p(s) = \frac{B(s)}{a(s)} = \frac{B_0 + B_1 s + B_2 s^2 + B_3 s^3 + \cdots}{a_0 + a_1 s + a_2 s^2 + a_3 s^3 + \cdots} \tag{10.1.1}$$

ここで，平衡状態において，入力の平衡値と出力の平衡値との間に 1 対 1 の対応関係が成立するよう，その直流ゲイン行列 B_0/a_0 が正則，したがって $|B_0| \neq 0$，$a_0 \neq 0$ と仮定する．

以下において，多変数 I-PD 制御系の設計公式を導出する．

【演習 10.1】（フィードバック系の伝達関数とモデルマッチング式）

図 10.1 に示す多変数 I-PD 制御系の伝達関数行列と，多変数参照モデル (9.1.3) とのモデルマッチング式を導出せよ．

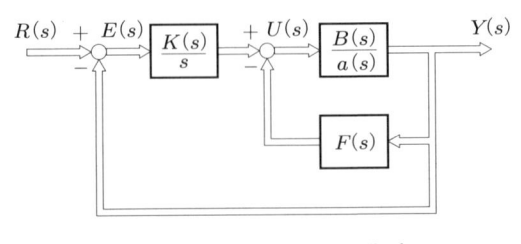

図 10.1 多変数 I-PD 制御系

解 フィードバック補償器を，つぎのように高次の微分も考慮した形式で表す．

$$F(s) = F_0 + F_1 s + F_2 s^2 + F_3 s^3 + \cdots \tag{10.1.2}$$

図 10.1 のブロック線図の関係を式で表現すると，つぎのようになる．

$$Y(s) = \frac{B(s)}{a(s)} U(s) \tag{10.1.3}$$

$$U(s) = \frac{K}{s} E(s) - F(s) Y(s) \tag{10.1.4}$$

$$E(s) = R(s) - Y(s) \tag{10.1.5}$$

これらの式から，次式が成立する．

$$Y(s) = \frac{B(s)}{a(s)} \left\{ \frac{K}{s} R(s) - \frac{K}{s} Y(s) - F(s) Y(s) \right\} \tag{10.1.6}$$

演習 9.3 の式 (9.1.13) を使って，上式を

$$H(s) Y(s) = \frac{K}{s} R(s) - \frac{K}{s} Y(s) - F(s) Y(s) \tag{10.1.7}$$

とした後，左から sK^{-1} を掛けて整理すると，次式を得る．

$$\left[I + sK^{-1} \{ H(s) + F(s) \} \right] Y(s) = R(s) \tag{10.1.8}$$

したがって，モデルマッチング式は，つぎのようになる．

$$I + sK^{-1} \{ H(s) + F(s) \} = M_\Sigma(s) \tag{10.1.9}$$

【演習 10.2】（制御装置について解く）

演習 10.1 の式 (10.1.9) を，K と $F(s)$ について解け．

解 式 (10.1.9) に使われている三つの多項式を再掲する．

$$H(s) = H_0 + H_1 s + H_2 s^2 + H_3 s^3 + \cdots \tag{10.1.10}$$

$$F(s) = F_0 + F_1 s + F_2 s^2 + F_3 s^3 + \cdots \tag{10.1.11}$$

$$M_\Sigma(s) = I + \Sigma s + \alpha_2 \Sigma^2 s^2 + \alpha_3 \Sigma^3 s^3 + \cdots \tag{10.1.12}$$

これらを，式 (10.1.9) に代入する．

$$I + K^{-1}(H_0 + F_0)s + K^{-1}(H_1 + F_1)s^2 + K^{-1}(H_2 + F_2)s^3 + \cdots$$
$$= I + \Sigma s + \alpha_2 \Sigma^2 s^2 + \alpha_3 \Sigma^3 s^3 + \cdots \tag{10.1.13}$$

式 (10.1.13) は，s に関する恒等式である．両辺の s の各次の係数から，次式を得る．

$$K^{-1}(H_0 + F_0) = \Sigma \tag{10.1.14}$$

$$K^{-1}(H_1 + F_1) = \alpha_2 \Sigma^2 \tag{10.1.15}$$

$$K^{-1}(H_2 + F_2) = \alpha_3 \Sigma^3 \tag{10.1.16}$$

$$K^{-1}(H_3 + F_3) = \alpha_4 \Sigma^4 \tag{10.1.17}$$

$$\cdots$$

以上が制御定数である K と $F(s)$ に関する連立方程式である． ◀

【演習 10.3】（多変数 I-PD 制御系設計公式）

演習 10.2 の結果から，多変数 I-PD 制御系の設計公式を導出せよ．

解 s の低次のほうから，制御装置の複雑さに対応した次数までマッチングを行う．
(1) I-P 動作：
調整できるパラメータは，Σ，K，F_0 の三つであるから，s の低次から順に三つの式を成立させることができる．ただし，F_1 と F_2 は使わないのでゼロにする．

$$K^{-1}(H_0 + F_0) = \Sigma \tag{10.1.18}$$

$$K^{-1} H_1 = \alpha_2 \Sigma^2 \tag{10.1.19}$$

$$K^{-1} H_2 = \alpha_3 \Sigma^3 \tag{10.1.20}$$

最後の二つの式から K^{-1} を消去すると，次式となる．

$$\alpha_2 \Sigma^2 H_1^{-1} = \alpha_3 \Sigma^3 H_2^{-1} \tag{10.1.21}$$

これを Σ について解くと

$$\Sigma = \frac{\alpha_2}{\alpha_3} H_1^{-1} H_2 \tag{10.1.22}$$

となるが，Σ は対角行列なので，対角要素の p 個のみが調整できるパラメータである．そこで，対角要素だけに関する条件式にする．

$$\Sigma = \frac{\alpha_2}{\alpha_3} \left[H_1^{-1} H_2 \right]_{\text{diag}} \tag{10.1.23}$$

ここで，$[\,\cdot\,]_{\text{diag}}$ は，正方行列の非対角要素をゼロにした対角行列を表しており，演習 9.6 においても用いた．Σ が求まったので，これを使って式 (10.1.19) から K を算出できる．

$$K = \frac{1}{\alpha_2} H_1 \Sigma^{-2} \tag{10.1.24}$$

以上の Σ と K を使って，式 (10.1.18) から F_0 を求める．

$$F_0 = K\Sigma - H_0 \tag{10.1.25}$$

(2) I-PD 動作：

調整できるパラメータは，Σ，K，F_0，F_1 の四つであるから，s の低次から順に四つの式を成立させることができる．ただし，F_2 と F_3 は使わないのでゼロにする．

$$K^{-1}(H_0 + F_0) = \Sigma \tag{10.1.26}$$

$$K^{-1}(H_1 + F_1) = \alpha_2 \Sigma^2 \tag{10.1.27}$$

$$K^{-1} H_2 = \alpha_3 \Sigma^3 \tag{10.1.28}$$

$$K^{-1} H_3 = \alpha_4 \Sigma^4 \tag{10.1.29}$$

最後の二つの式から K^{-1} を消去すると次式となる．

$$\alpha_3 \Sigma^3 H_2^{-1} = \alpha_4 \Sigma^4 H_3^{-1} \tag{10.1.30}$$

これから

$$\Sigma = \frac{\alpha_3}{\alpha_4} \left[H_2^{-1} H_3 \right]_{\text{diag}} \tag{10.1.31}$$

で Σ を求め，次式で を計算する．

$$K = \frac{1}{\alpha_3} H_2 \Sigma^{-3} \tag{10.1.32}$$

残り二つのパラメータは，式 (10.1.26) と式 (10.1.27) から求める．

$$F_0 = K\Sigma - H_0 \tag{10.1.33}$$

$$F_1 = \alpha_2 K \Sigma^2 - H_1 \tag{10.1.34}$$

10.2　多変数 I-PD 制御系設計数値例

多変数 I-PD 制御を適用した制御系設計の事例を扱う．制御対象は，9.2 節で扱ったのと同じである．一つ目の扱いやすい制御対象に対しては，多変数 PID 制御とほぼ同じような制御性能を有する制御系を得ることができる．ただし，I-PD 制御を適用した場合は，フィードバック制御系の時間応答はかなり振動してしまう．

二つ目の扱いにくい制御対象では，I-PD 制御を適用した際に，フィードバック制御系の立ち上がり時間を表す σ が負になってしまった．PID 制御の場合と同じく，設計失敗である．

1 入出力系においては，振動系が不得意であることを紹介した．第 9 章と第 10 章において設計が失敗した制御対象は振動系ではない．部分的モデルマッチング法は，制御対象の部分的な情報に基づいての設計であるから，つねに望ましい設計結果を得るという保証はないということを肝に銘じておかなくてはならない．

【演習 10.4】（制御系の設計）

演習 9.7 でその動特性を検証した制御対象

$$G_p(s) = \frac{B(s)}{a(s)}$$

$$= \frac{\begin{pmatrix} 37.95 & 14.98 \\ 29.95 & 22.98 \end{pmatrix} + \begin{pmatrix} 85.44 & 14.24 \\ 28.48 & 33.76 \end{pmatrix} s + \begin{pmatrix} 49.6 & 2.8 \\ 5.6 & 11.2 \end{pmatrix} s^2 + \begin{pmatrix} 8.0 & 0.0 \\ 0.0 & 1.0 \end{pmatrix} s^3}{52.93 + 298.91s + 484.48s^2 + 336.71s^3 + 111.92s^4 + 17.4s^5 + s^6} \quad (10.2.1)$$

に対し，参照モデルの係数列を演習 7.2 の式 (7.1.3) として，I-PD 制御系を設計せよ．

解　演習 9.4 の結果を使って制御対象の分母系列表現を求めると，つぎのようになる．

$$H(s) = B(s)^{-1}a(s) = H_0 + H_1 s + H_2 s^2 + H_3 s^3 + \cdots \quad (10.2.2)$$

$$H_0 = \begin{pmatrix} 2.8725 & -1.8725 \\ -3.7437 & 4.7438 \end{pmatrix}, \quad H_1 = \begin{pmatrix} 4.2186 & -1.7791 \\ -3.5582 & 10.6777 \end{pmatrix} \quad (10.2.3)$$

$$H_2 = \begin{pmatrix} 1.4047 & -0.3535 \\ -0.7071 & 6.2060 \end{pmatrix}, \quad H_3 = \begin{pmatrix} 0.1085 & 0.0128 \\ 0.0256 & 0.9795 \end{pmatrix} \tag{10.2.4}$$

まず，I-P 動作で設計する．立ち上がり時間を表すパラメータである対角行列 Σ は，式 (10.1.23) で計算する．

$$\Sigma = \frac{\alpha_2}{\alpha_3}\left[H_1^{-1}H_2\right]_{\mathrm{diag}} = \begin{pmatrix} 1.1831 & 0.0 \\ 0.0 & 2.1458 \end{pmatrix} \tag{10.2.5}$$

I 動作直列補償器の係数行列 K は，式 (10.1.24) で計算する．

$$K = \frac{1}{\alpha_2}H_1\Sigma^{-2} = \begin{pmatrix} 6.0278 & -0.7728 \\ -5.0841 & 4.6380 \end{pmatrix} \tag{10.2.6}$$

P 動作フィードバック補償器の係数行列 F_0 は，式 (10.1.25) で計算する．

$$F_0 = K\Sigma - H_0 = \begin{pmatrix} 4.2590 & 0.2143 \\ -2.2713 & 5.2084 \end{pmatrix} \tag{10.2.7}$$

つぎに，I-PD 動作で設計する．Σ は式 (10.1.31) で計算する．

$$\Sigma = \frac{\alpha_3}{\alpha_4}\left[H_2^{-1}H_3\right]_{\mathrm{diag}} = \begin{pmatrix} 0.4028 & 0.0 \\ 0.0 & 0.8178 \end{pmatrix} \tag{10.2.8}$$

K は，式 (10.1.32) で計算する．

$$K = \frac{1}{\alpha_3}H_2\Sigma^{-3} = \begin{pmatrix} 143.295 & -4.3094 \\ -72.131 & 75.645 \end{pmatrix} \tag{10.2.9}$$

F_0 は式 (10.1.33) で計算する．

$$F_0 = K\Sigma - H_0 = \begin{pmatrix} 54.847 & -1.6517 \\ -25.310 & 57.119 \end{pmatrix} \tag{10.2.10}$$

F_1 は式 (10.1.34) で計算する．

$$F_1 = \alpha_2 K\Sigma^2 - H_1 = \begin{pmatrix} 7.4061 & 0.3380 \\ -2.2933 & 14.618 \end{pmatrix} \tag{10.2.11}$$

式 (10.2.5) の Σ に比べて，式 (10.2.8) の Σ のほうがかなり小さい値である．これは，I-P 動作に比べて I-PD 動作では，D 動作が加わることにより過渡応答の改善が図られたためである．また，参照モデルとのマッチングについても，一つ高い次数までマッチングしており，その分の非干渉化の向上が期待できる． ◀

【演習 10.5】（制御系の性能評価）

演習 10.4 において設計した I-PD 制御系の性能評価をせよ．

解 目標値をステップ状に変化させたときの I-PD 制御系の時間応答を図 10.2 と図 10.3 に示す．

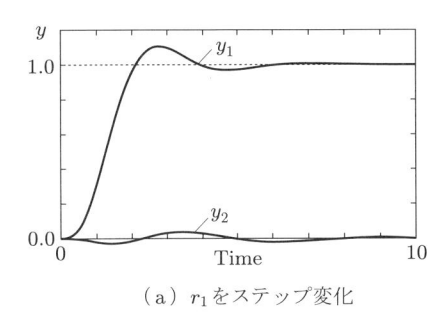

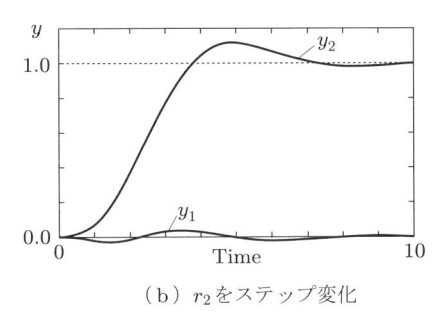

（a）r_1 をステップ変化　　　　（b）r_2 をステップ変化

図 **10.2** I-PD 制御系（I-P 動作）の時間応答

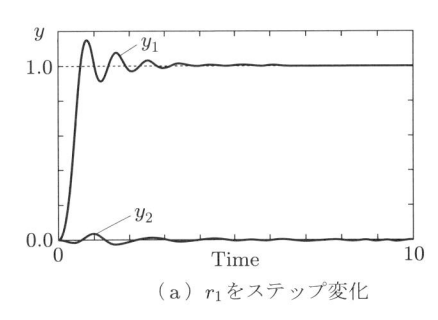

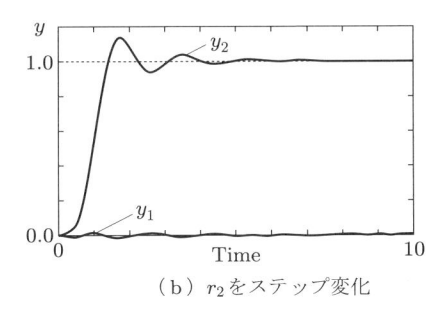

（a）r_1 をステップ変化　　　　（b）r_2 をステップ変化

図 **10.3** I-PD 制御系（I-PD 動作）の時間応答

式 (10.2.5) と式 (10.2.8) に示す Σ の値に応じた時間応答波形となっているかどうかを確認しよう．まず，式 (10.2.5) では，$\sigma_1 = 1.1831$，$\sigma_2 = 2.1458$ となっており，図 10.2 の応答波形はそのようになっている．また，式 (10.2.8) では，$\sigma_1 = 0.4028$，$\sigma_2 = 0.8178$ であって，図 10.3 の応答波形も設計どおりであるといえる．また，非干渉化については，図 10.3 のほうが達成度がよい．すなわち，I-P 動作，I-PD 動作と制御装置の次数を高めるにつれ，各制御ループの応答特性の改善が見られると同時に，非干渉化も向上していることがわかる．

◀

【演習 10.6】（制御系の設計）

演習 9.10 でその動特性を検証した制御対象

$$G_p(s) = \frac{B(s)}{a(s)} = \begin{pmatrix} \dfrac{0.28}{(1+3s)(1+7s)} & \dfrac{-0.33}{(1+5s)(1+6s)} \\ \dfrac{0.4}{(1+9s)(1+30s)} & \dfrac{0.5}{(1+18s)(1+24s)} \end{pmatrix} \quad (10.2.12)$$

に対し，参照モデルの係数列を演習 7.3 の式 (7.1.4) として I-PD 制御系を設計せよ．

解 演習 9.4 の結果を使って制御対象の分母系列表現を求めると，つぎのようになる．

$$H(s) = B(s)^{-1} a(s) = H_0 + H_1 s + H_2 s^2 + H_3 s^3 + \cdots \quad (10.2.13)$$

$$H_0 = \begin{pmatrix} 1.8382 & 1.2132 \\ -1.4706 & 1.0294 \end{pmatrix}, \quad H_1 = \begin{pmatrix} 16.598 & 48.565 \\ -17.690 & 42.236 \end{pmatrix} \quad (10.2.14)$$

$$H_2 = \begin{pmatrix} -16.759 & 402.55 \\ -92.605 & 381.73 \end{pmatrix}, \quad H_3 = \begin{pmatrix} 1\,977.7 & -311.8 \\ 1\,632.6 & 24.5 \end{pmatrix} \quad (10.2.15)$$

まず，I-P 動作で設計する．立ち上がり時間を表すパラメータである対角行列 Σ は，式 (10.1.23) で計算する．

$$\Sigma = \frac{\alpha_2}{\alpha_3} \left[H_1^{-1} H_2 \right]_{\text{diag}} = \begin{pmatrix} 8.0964 & 0.0 \\ 0.0 & 28.752 \end{pmatrix} \quad (10.2.16)$$

I 動作直列補償器の係数行列 K は，式 (10.1.24) で計算する．

$$K = \frac{1}{\alpha_2} H_1 \Sigma^{-2} = \begin{pmatrix} 0.5064 & 0.1175 \\ -0.5397 & 0.1022 \end{pmatrix} \quad (10.2.17)$$

P 動作フィードバック補償器の係数行列 F_0 は，式 (10.1.25) で計算する．

$$F_0 = K\Sigma - H_0 = \begin{pmatrix} 2.2619 & 2.1650 \\ -2.8993 & 1.9086 \end{pmatrix} \quad (10.2.18)$$

つぎに，I-PD 動作で設計する．Σ は式 (10.1.31) で計算する．

$$\Sigma = \frac{\alpha_3}{\alpha_4} \left[H_2^{-1} H_3 \right]_{\text{diag}} = \begin{pmatrix} 15.829 & 0.0 \\ 0.0 & -4.7409 \end{pmatrix} \quad (10.2.19)$$

式 (10.2.16) の Σ は，$\sigma_1 = 8.0964$，$\sigma_2 = 28.752$ であるのに対して，式 (10.2.19) の Σ では，$\sigma_1 = 15.829$，$\sigma_2 = -4.7409$ であり，第 1 制御ループの立ち上がり時間は大きくなっている．さらには，第 2 制御ループの立ち上がり時間は負であり，これ以上の計算は無意味と

なる．すなわち，I-P 動作での設計はうまく行えたものの，I-PD 動作では設計できなかったといえる．部分的モデルマッチング法は，制御対象の部分的情報を使ってのマッチングであることから，つねに所望の応答特性が得られるとは限らない．このことは，9.2 節の演習 9.11 および演習 9.12 においても経験したことである． ◀

【演習 10.7】（制御系の性能評価）

演習 10.6 において設計した I-PD 制御系の性能評価をせよ．

解 目標値をステップ状に変化させたときの I-PD 制御系の時間応答を図 10.4 に示す．式 (10.2.16) では，$\sigma_1 = 8.0964$，$\sigma_2 = 28.752$ となっており，図 10.4 の応答波形はそのようになっている．

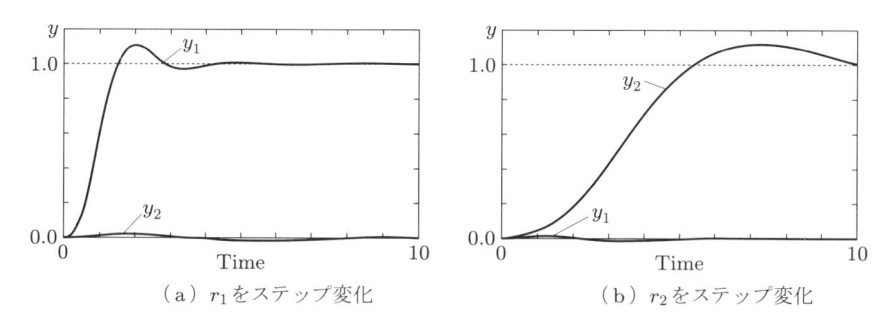

図 10.4　I-PD 制御系（I-P 動作）の時間応答

（a）r_1 をステップ変化　　（b）r_2 をステップ変化

◀

10.3　異なるサンプリング周期を有する多変数ディジタル I-PD 制御

多変数ディジタル I-PD 制御系の構成を図 10.5 に示す．

ここで，ディジタル I-PD 制御装置は，サンプラ，演算装置，0 次ホルダからなり，制御

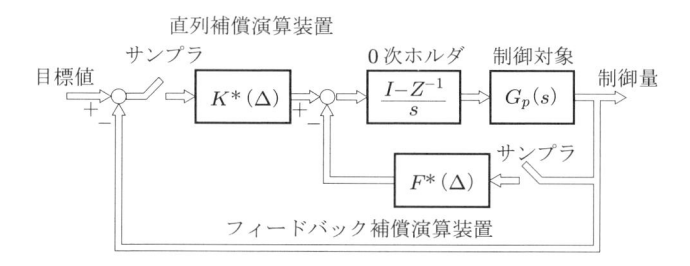

図 10.5　多変数ディジタル I-PD 制御系

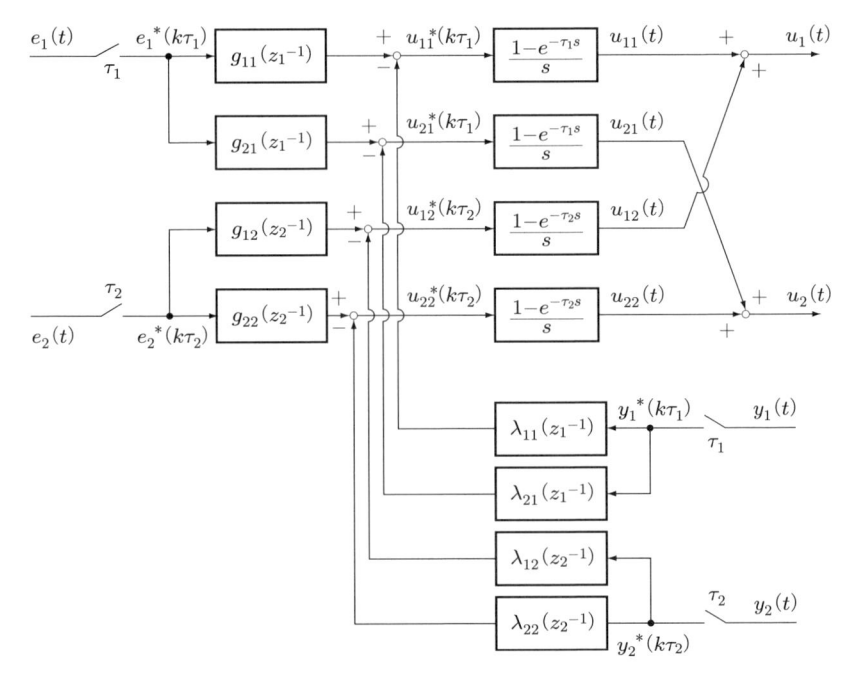

図 10.6 多変数ディジタル I-PD 制御装置

ループごとに異なるサンプリング周期 $\tau_1, \tau_2, \ldots, \tau_p$ を与えている．本節では，図 10.6 のように，制御装置を構成する場合において考察をすすめる．

【演習 10.8】（ディジタル制御装置の連続時間近似表現）

サンプリング周期 τ がゼロの場合もあわせて扱うことのできるように，ディジタル制御装置の表現を工夫したうえで連続時間近似表現を求めよ．

解 I 動作演算装置と PD 動作演算装置を，演習 9.13 の式 (9.3.2) で定義した差分演算子を使って，次式で与える．

$$K^*(\Delta) = K^* \Delta^{-1} \tag{10.3.1}$$

$$F^*(\Delta) = F_0^* + F_1^* \Delta + F_2^* \Delta^2 + F_3^* \Delta^3 + \cdots \tag{10.3.2}$$

演算装置の前後に，サンプラと 0 次ホルダを備えたディジタル制御装置の連続時間近似はおのおの，つぎのようになる．

$$\frac{K}{s} = \frac{1}{s}\left[K^*(\Delta)T^{-1}(I - Z^{-1})\right] \tag{10.3.3}$$

$$F(s) = \frac{1}{s}\left[F^*(\Delta)T^{-1}(I - Z^{-1})\right] \tag{10.3.4}$$

◀

【演習 10.9】（連続時間制御装置とのパラメータの関係）

連続時間 I-PD 制御装置のパラメータと，ディジタル I-PD 制御装置のパラメータの関係を明らかにせよ．

解 式 (10.3.3) に式 (10.3.1) を代入することで

$$K = K^* \tag{10.3.5}$$

を得る．また，式 (10.3.4) の左辺に式 (10.1.2)，同右辺に式 (10.3.2) を代入して

$$\begin{aligned}
&F_0 + F_1 s + F_2 s^2 + F_3 s^3 + \cdots \\
&= \frac{1}{s}\left[\left(F_0{}^* + F_1{}^*\Delta + F_2{}^*\Delta^2 + F_3{}^*\Delta^3 + \cdots\right)\Delta\right]
\end{aligned} \tag{10.3.6}$$

となる．式 (10.3.6) 右辺の Δ に式 (9.3.8) を代入する．

$$\begin{aligned}
&\frac{1}{s}\left[\left(F_0{}^* + F_1{}^*\Delta + F_2{}^*\Delta^2 + F_3{}^*\Delta^3 + \cdots\right)\Delta\right] \\
&= F_0{}^* + \left(F_1{}^* - \frac{1}{2}F_0{}^*T\right)s + \left(F_2{}^* - F_1{}^*T + \frac{1}{6}F_0{}^*T^2\right)s^2 \\
&\quad + \left(F_3{}^* - \frac{3}{2}F_2{}^*T + \frac{7}{12}F_1{}^*T^2 - \frac{1}{24}F_0{}^*T^3\right)s^3 + \cdots
\end{aligned} \tag{10.3.7}$$

ここで，式 (10.3.6) に対して係数比較法を適用して

$$F_0 = F_0{}^* \tag{10.3.8}$$

$$F_1 = F_1{}^* - \frac{1}{2}F_0{}^*T \tag{10.3.9}$$

$$F_2 = F_2{}^* - F_1{}^*T + \frac{1}{6}F_0{}^*T^2 \tag{10.3.10}$$

$$F_3 = F_3{}^* - \frac{3}{2}F_2{}^*T + \frac{7}{12}F_1{}^*T^2 - \frac{1}{24}F_0{}^*T^3 \tag{10.3.11}$$

$$\cdots$$

を得る．

これらを逆に解いて

$$F_0{}^* = F_0 \tag{10.3.12}$$

$$F_1{}^* = F_1 + \frac{1}{2}F_0 T \tag{10.3.13}$$

$$F_2{}^* = F_2 + F_1 T + \frac{1}{3} F_0 T^2 \tag{10.3.14}$$

$$F_3{}^* = F_3 + \frac{3}{2} F_2 T + \frac{11}{12} F_1 T^2 + \frac{1}{4} F_0 T^3 \tag{10.3.15}$$

$$\cdots$$

を得る．また，$K^* = K$ である． ◀

【演習 10.10】（異なるサンプリング周期を有する **I-PD** 制御系設計公式）

演習 10.9 の結果を用いて，異なるサンプリング周期を有する多変数ディジタル I-PD 制御系設計公式を導出せよ．

解　連続時間 I-PD 制御装置のパラメータは，演習 10.2 の式 (10.1.14), (10.1.15), $\cdots$ から，つぎのように書くことができる．

$$F_0 = K\Sigma - H_0 \tag{10.3.16}$$

$$F_1 = \alpha_2 K \Sigma^2 - H_1 \tag{10.3.17}$$

$$F_2 = \alpha_3 K \Sigma^3 - H_2 \tag{10.3.18}$$

$$F_3 = \alpha_4 K \Sigma^4 - H_3 \tag{10.3.19}$$

$$\cdots$$

これらを式 (10.3.12) 以降の式に代入する．また，$K^* = K$ より次式となる．

$$F_0{}^* = K^* \Sigma - H_0 \tag{10.3.20}$$

$$F_1{}^* = \alpha_2 K^* \Sigma + \frac{1}{2} K^* T \Sigma - \left(H_1 + \frac{1}{2} H_0 T \right) \tag{10.3.21}$$

$$F_2{}^* = \alpha_3 K^* \Sigma^3 + \alpha_2 K^* T \Sigma^2 + \frac{1}{3} K^* T^2 \Sigma - \left(H_2 + H_1 T + \frac{1}{3} H_0 T^2 \right) \tag{10.3.22}$$

$$F_3{}^* = \alpha_4 K^* \Sigma^4 + \frac{3}{2} \alpha_3 K^* T \Sigma^3 + \frac{11}{12} \alpha_2 K^* T^2 \Sigma^2 + \frac{1}{4} K^* T^3 \Sigma$$
$$- \left(H_3 + \frac{3}{2} H_2 T + \frac{11}{12} H_1 T^2 + \frac{1}{4} H_0 T^3 \right) \tag{10.3.23}$$

$$\cdots$$

(1) I-P 動作：

調整できるパラメータは，Σ, K^*, $F_0{}^*$ の三つであるから，$F_1{}^*$ と $F_2{}^*$ をゼロとおく．

$$0 = \alpha_2 K^* \Sigma^2 + \frac{1}{2} K^* T \Sigma - \left(H_1 + \frac{1}{2} H_0 T \right) \tag{10.3.24}$$

$$0 = \alpha_3 K^* \Sigma^3 + \alpha_2 K^* T \Sigma^2 + \frac{1}{3} K^* T^2 \Sigma - \left(H_2 + H_1 T + \frac{1}{3} H_0 T^2\right) \tag{10.3.25}$$

これらの式から K^* を消去して，次式を得る．

$$\left(H_1 + \frac{1}{2} H_0 T\right)\left(\alpha_3 \Sigma^2 + \alpha_2 T \Sigma + \frac{1}{3} T^2\right)$$
$$= \left(H_2 + H_1 T + \frac{1}{3} H_0 T^2\right)\left(\alpha_2 \Sigma + \frac{1}{2} T\right) \tag{10.3.26}$$

これを整理して

$$\alpha_3 \Sigma^2 - \alpha_2 \left(\tilde{H}_1 - \frac{1}{3} T\right) \Sigma - \frac{1}{2} \tilde{H}_1 T = 0 \tag{10.3.27}$$

$$\tilde{H}_1 := \left[\left(H_1 + \frac{1}{2} H_0 T\right)^{-1}\left(H_2 + \frac{1}{3} H_1 T\right)\right]_{\text{diag}} \tag{10.3.28}$$

を得る．σ の方程式 (10.3.27) の正の最小解を採用して，式 (10.3.24) から K^* を求めると，次式となる．

$$K^* = \left(H_1 + \frac{1}{2} H_0 T\right)\left(\alpha_2 \Sigma^2 + \frac{1}{2} T \Sigma\right)^{-1} \tag{10.3.29}$$

Σ と K^* が決まった後，F_0^* は式 (10.3.20) を用いて求める．

(2) I-PD 動作：

調整できるパラメータは，Σ, K^*, F_0^*, F_1^* の四つであるから，F_2^* と F_3^* をゼロとおく．

$$0 = \alpha_3 K^* \Sigma^3 + \alpha_2 K^* T \Sigma^2 + \frac{1}{3} K^* T^2 \Sigma$$
$$- \left(H_2 + H_1 T + \frac{1}{3} H_0 T^2\right) \tag{10.3.30}$$
$$0 = \alpha_4 K^* \Sigma^4 + \frac{3}{2} \alpha_3 K^* T \Sigma^3 + \frac{11}{12} \alpha_2 K^* T^2 \Sigma^2 + \frac{1}{4} K^* T^3 \Sigma$$
$$- \left(H_3 + \frac{3}{2} H_2 T + \frac{11}{12} H_1 T^2 + \frac{1}{4} H_0 T^3\right) \tag{10.3.31}$$

二つの式から K^* を消去して

$$\left(H_2 + H_1 T + \frac{1}{3} H_0 T^2\right)\left(\alpha_4 \Sigma^3 + \frac{3}{2} \alpha_3 T \Sigma^2 + \frac{11}{12} \alpha_2 T^2 \Sigma + \frac{1}{4} T^3\right)$$
$$= \left(H_3 + \frac{3}{2} H_2 T + \frac{11}{12} H_1 T^2 + \frac{1}{4} H_0 T^3\right)\left(\alpha_3 \Sigma^2 + \alpha_2 T \Sigma + \frac{1}{3} T^2\right) \tag{10.3.32}$$

を得る．これを整理して σ の方程式

$$\alpha_4 \Sigma^3 - \alpha_3 \left(\tilde{H}_2 - \frac{3}{4}T\right)\Sigma^2 - \alpha_2\left(\tilde{H}_2 - \frac{1}{6}T\right)T\Sigma - \frac{1}{3}\tilde{H}_2 T^2 = 0 \tag{10.3.33}$$

$$\tilde{H}_2 := \left[\left(H_2 + H_1 T + \frac{1}{3}H_0 T^2\right)^{-1}\left(H_3 + \frac{3}{4}H_2 T + \frac{1}{6}H_1 T^2\right)\right]_{\text{diag}} \tag{10.3.34}$$

が求まった．方程式 (10.3.33) の正の最小解を採用して，式 (10.3.30) から K^* を求めると

$$K^* = \left(H_2 + H_1 T + \frac{1}{3}H_0 T^2\right)\left(\alpha_3 \Sigma^3 + \alpha_2 T\Sigma^2 + \frac{1}{3}T^2 \Sigma\right)^{-1} \tag{10.3.35}$$

を得る．Σ と K^* が決まった後，F_0^* と F_1^* は，式 (10.3.20) と式 (10.3.21) を用いて求める． ◀

【演習 10.11】（異なるサンプリング周期を有する I-PD 制御アルゴリズム）

演習 10.10 の結果を用いて，異なるサンプリング周期を有する I-PD 制御アルゴリズムを導出せよ．

解 制御ループごとにサンプリング周期が異なる I-PD 制御アルゴリズムを考察する．
(1) I-P 動作：
直列補償器とフィードバック補償器の演算装置

$$K^*(\Delta) = K^* \Delta^{-1} \tag{10.3.36}$$

$$F^*(\Delta) = F_0^* \tag{10.3.37}$$

をシフト演算子で表現すると，それぞれ

$$G(z^{-1}) = G_0(I - Z^{-1})^{-1} \tag{10.3.38}$$

$$\Lambda(z^{-1}) = \left(\Lambda_0 - \Lambda_1 Z^{-1}\right)(I - Z^{-1})^{-1} \tag{10.3.39}$$

となる．ここで

$$G_0 = K^* T \tag{10.3.40}$$

$$\Lambda_0 = F_0^* \tag{10.3.41}$$

$$\Lambda_1 = F_0^* \tag{10.3.42}$$

である．したがって，演算装置 $g_{ij}(z_j^{-1})$，$\lambda_{ij}(z_j^{-1})$ は，つぎの式を満たす．

$$g_{ij}(z_j^{-1}) = g_{0ij}(1 - z_j^{-1})^{-1} \tag{10.3.43}$$

$$g_{0ij} = k_{ij}{}^* \cdot \tau_j \tag{10.3.44}$$

$$\lambda_{ij}(z_j^{-1}) = \left(\lambda_{0ij} - \lambda_{1ij} z_j^{-1}\right)(1 - z_j^{-1})^{-1} \tag{10.3.45}$$

$$\lambda_{0ij} = f_{0_{ij}}{}^* \tag{10.3.46}$$

$$\lambda_{1ij} = f_{0_{ij}}{}^* \tag{10.3.47}$$

演算装置の出力は，次式で表すことができる．

$$u_{ij}{}^*(k\tau_j) = u_{ij}{}^*(\overline{k-1}\tau_j) + \tilde{u}_{ij}{}^*(k\tau_j) \tag{10.3.48}$$

$$\tilde{u}_{ij}{}^*(k\tau_j) = g_{0ij} e_j{}^*(k\tau_j) - \lambda_{0ij} y_j{}^*(k\tau_j) + \lambda_{1ij} y_j{}^*(\overline{k-1}\tau_j) \tag{10.3.49}$$

(2) I-PD 動作：

直列補償器は上と同じである．フィードバック補償器の演算装置は

$$F^*(\Delta) = F_0{}^* + F_1{}^*\Delta \tag{10.3.50}$$

であるから，これをシフト演算子で表現すると，つぎのように書くことができる．

$$\Lambda(z^{-1}) = \left(\Lambda_0 - \Lambda_1 Z^{-1} + \Lambda_2 Z^{-2}\right)(I - Z^{-1})^{-1} \tag{10.3.51}$$

$$\Lambda_0 = F_0{}^* + F_1{}^* T^{-1} \tag{10.3.52}$$

$$\Lambda_1 = F_0{}^* + 2F_1{}^* T^{-1} \tag{10.3.53}$$

$$\Lambda_2 = F_1{}^* T^{-1} \tag{10.3.54}$$

したがって，演算装置 $\lambda_{ij}(z_j^{-1})$ は，つぎの式を満たす．

$$\lambda_{ij}(z_j^{-1}) = \left(\lambda_{0ij} - \lambda_{1ij} z_j^{-1} + \lambda_{2ij} z_j^{-2}\right)(1 - z_j^{-1})^{-1} \tag{10.3.55}$$

$$\lambda_{0ij} = f_{0_{ij}}{}^* + f_{1_{ij}}{}^* \cdot \tau_j^{-1} \tag{10.3.56}$$

$$\lambda_{1ij} = f_{0_{ij}}{}^* + 2f_{1_{ij}}{}^* \cdot \tau_j^{-1} \tag{10.3.57}$$

$$\lambda_{2ij} = f_{1_{ij}}{}^* \cdot \tau_j^{-1} \tag{10.3.58}$$

演算装置の出力は，次式で表すことができる．

$$u_{ij}{}^*(k\tau_j) = u_{ij}{}^*(\overline{k-1}\tau_j) + \tilde{u}_{ij}{}^*(k\tau_j) \tag{10.3.59}$$

$$\begin{aligned}\tilde{u}_{ij}{}^*(k\tau_j) = &\, g_{0ij} e_j{}^*(k\tau_j) - \lambda_{0ij} y_j{}^*(k\tau_j) \\ &+ \lambda_{1ij} y_j{}^*(\overline{k-1}\tau_j) - \lambda_{2ij} y^*(\overline{k-2}\tau_j)\end{aligned} \tag{10.3.60}$$

10.4 多変数ディジタル I-PD 制御系設計数値例

二つの制御量の立ち上がり時間が大きく異なる，2入力2出力の制御対象 (10.2.12) に対して，10.3 節で学んだ異なるサンプリング周期を有する多変数ディジタル I-PD 制御系の設計法を適用する．9.4 節で紹介した，異なるサンプリング周期を有する多変数ディジタル PID 制御系と同様な実用的な利点を有することを確かめる．

【演習 10.12】（制御系の設計）

制御対象 (10.2.12) に対し，参照モデルの係数列を演習 7.2 の式 (7.1.3) として，ディジタル I-PD 制御系を設計せよ．

解 演習 9.4 の結果を使って制御対象の分母系列表現を求めると，つぎのようになる．

$$H(s) = B(s)^{-1}a(s) = H_0 + H_1 s + H_2 s^2 + H_3 s^3 + \cdots \tag{10.4.1}$$

$$H_0 = \begin{pmatrix} 1.838 & 1.213 \\ -1.471 & 1.029 \end{pmatrix}, \quad H_1 = \begin{pmatrix} 16.60 & 48.57 \\ -17.69 & 42.24 \end{pmatrix} \tag{10.4.2}$$

$$H_2 = \begin{pmatrix} -16.76 & 402.5 \\ -92.61 & 381.7 \end{pmatrix}, \quad H_3 = \begin{pmatrix} 1\,977.7 & -311.8 \\ 1\,632.6 & 24.5 \end{pmatrix} \tag{10.4.3}$$

まずは，サンプリング周期を $\tau_1 = \tau_2 = 2.0$ として，I-P 動作で設計しよう．

$$T = \begin{pmatrix} 2.0 & 0.0 \\ 0.0 & 2.0 \end{pmatrix} \tag{10.4.4}$$

から，Σ を求めるための方程式 (10.3.27) は，つぎのようになる．

$$0.150\Sigma^2 - \begin{pmatrix} 1.080 & 0.0 \\ 0.0 & 4.203 \end{pmatrix} \Sigma - \begin{pmatrix} 2.827 & 0.0 \\ 0.0 & 9.073 \end{pmatrix} = 0 \tag{10.4.5}$$

方程式 (10.4.5) を解いて

$$\Sigma = \begin{pmatrix} 9.239 & 0.0 \\ 0.0 & 30.03 \end{pmatrix} \tag{10.4.6}$$

を得る．したがって，I 動作の演算装置

$$K^*(\Delta) = K^*\Delta^{-1} \tag{10.4.7}$$

$$\Delta = \begin{bmatrix} \delta_1 & & & \\ & \delta_2 & & \\ & & \ddots & \\ & & & \delta_p \end{bmatrix} \tag{10.4.8}$$

10.4 多変数ディジタル I-PD 制御系設計数値例

$$\delta_i = \frac{1 - z_i^{-1}}{\tau_i}, \quad z_i = e^{\tau_i s} \tag{10.4.9}$$

のパラメータは,式 (10.3.29) から,つぎのように計算される.

$$\begin{aligned} K^* &= \left(H_1 + \frac{1}{2}H_0 T\right)\left(\alpha_2 \Sigma^2 + \frac{1}{2}T\Sigma\right)^{-1} \\ &= \begin{pmatrix} 0.3551 & 0.1035 \\ -0.3691 & 0.0899 \end{pmatrix} \end{aligned} \tag{10.4.10}$$

また,P 動作の演算装置

$$F^*(\Delta) = F_0^* \tag{10.4.11}$$

のパラメータは,式 (10.3.20) から計算する.

$$F_0^* = K^*\Sigma - H_0 = \begin{pmatrix} 1.443 & 1.895 \\ -1.939 & 1.672 \end{pmatrix} \tag{10.4.12}$$

これらの演算装置を,シフト演算子で表現するときのパラメータを計算しよう.I 動作の演算装置は

$$G(z^{-1}) = G_0 (I - Z^{-1})^{-1} \tag{10.4.13}$$

$$Z = \begin{bmatrix} z_1 & & & \\ & z_2 & & \\ & & \ddots & \\ & & & z_p \end{bmatrix}, \quad z_i = e^{\tau_i s} \tag{10.4.14}$$

であり,このパラメータは式 (10.3.40) より求める.

$$G_0 = K^* T = \begin{pmatrix} 0.7102 & 0.2070 \\ -0.7381 & 0.1799 \end{pmatrix} \tag{10.4.15}$$

また,P 動作の演算装置は

$$\Lambda(z^{-1}) = \left(\Lambda_0 - \Lambda_1 Z^{-1}\right)(I - Z^{-1})^{-1} \tag{10.4.16}$$

であって,このパラメータは,式 (10.3.41) と式 (10.3.42) で計算する.

$$\Lambda_0 = \Lambda_1 = F_0^* = \begin{pmatrix} 1.443 & 1.895 \\ -1.939 & 1.672 \end{pmatrix} \tag{10.4.17}$$

同様に,$\tau_1 = \tau_2 = 15.0$ のときを計算すると,つぎのようになる.

$$T = \begin{pmatrix} 15.0 & 0.0 \\ 0.0 & 15.0 \end{pmatrix} \tag{10.4.18}$$

であるから,Σ を求めるための方程式 (10.3.27) は,つぎのようになる.

$$0.150\Sigma^2 - \begin{pmatrix} -0.334 & 0.0 \\ 0.0 & 3.258 \end{pmatrix}\Sigma - \begin{pmatrix} 32.49 & 0.0 \\ 0.0 & 86.37 \end{pmatrix} = 0 \qquad (10.4.19)$$

これを解いて

$$\Sigma = \begin{pmatrix} 13.65 & 0.0 \\ 0.0 & 37.20 \end{pmatrix} \qquad (10.4.20)$$

を得る．ここで，Σ はフィードバック系の立ち上がり時間を表しており，式 (10.4.6) の に比べて，若干大きな値になった．このことは，サンプリング周期を長く設定することで第 1 制御ループ，第 2 制御ループともに，立ち上がり時間が長くなってしまったことを意味する．

I 動作の演算装置のパラメータは

$$\begin{aligned} K^* &= \left(H_1 + \frac{1}{2}H_0 T\right)\left(\alpha_2 \Sigma^2 + \frac{1}{2}T\Sigma\right)^{-1} \\ &= \begin{pmatrix} 0.1555 & 0.0594 \\ -0.1470 & 0.0515 \end{pmatrix} \end{aligned} \qquad (10.4.21)$$

となり，P 動作の演算装置のパラメータは

$$F_0^* = K^*\Sigma - H_0 = \begin{pmatrix} 0.2832 & 0.9962 \\ -0.5346 & 0.8847 \end{pmatrix} \qquad (10.4.22)$$

となる．これらの演算装置をシフト演算子で表現するときのパラメータを計算しよう．I 動作の演算装置のパラメータは

$$G_0 = K^* T = \begin{pmatrix} 2.332 & 0.8910 \\ -2.204 & 0.7719 \end{pmatrix} \qquad (10.4.23)$$

また，P 動作の演算装置のパラメータは

$$\Lambda_0 = \Lambda_1 = F_0^* = \begin{pmatrix} 0.2832 & 0.9962 \\ -0.5346 & 0.8847 \end{pmatrix} \qquad (10.4.24)$$

となる．

$\tau_1 = \tau_2 = 20.0$ のときは，つぎのように得られる．サンプリング周期が

$$T = \begin{pmatrix} 20.0 & 0.0 \\ 0.0 & 20.0 \end{pmatrix} \qquad (10.4.25)$$

のとき，Σ を求めるための方程式は，つぎのようになり，

$$0.150\Sigma^2 - \begin{pmatrix} -1.005 & 0.0 \\ 0.0 & 2.809 \end{pmatrix}\Sigma - \begin{pmatrix} 46.56 & 0.0 \\ 0.0 & 122.9 \end{pmatrix} = 0 \qquad (10.4.26)$$

これを解いて

$$\Sigma = \begin{pmatrix} 14.58 & 0.0 \\ 0.0 & 39.48 \end{pmatrix} \qquad (10.4.27)$$

を得る．サンプリング周期をさらに長くしたことで，式 (10.4.20) の $\varSigma$ よりも，さらに大きな値になったことがわかる．

I 動作および P 動作の演算装置のパラメータはそれぞれ

$$K^* = \begin{pmatrix} 0.1387 & 0.0517 \\ -0.1285 & 0.0447 \end{pmatrix}, \quad F_0{}^* = \begin{pmatrix} 0.1847 & 0.8278 \\ -0.4029 & 0.7370 \end{pmatrix} \quad (10.4.28)$$

と求められる．さらに，これらの演算装置をシフト演算子で表現するときのパラメータは

$$G_0 = \begin{pmatrix} 2.774 & 1.034 \\ -2.569 & 0.8949 \end{pmatrix}, \quad \Lambda_0 = \Lambda_1 = \begin{pmatrix} 0.1847 & 0.8278 \\ -0.4029 & 0.7370 \end{pmatrix} \quad (10.4.29)$$

となる．

最後に，制御ループごとに異なるサンプリング周期を設定する．$\tau_1 = 2.0$, $\tau_2 = 20.0$ としたとき，

$$T = \begin{pmatrix} 2.0 & 0.0 \\ 0.0 & 20.0 \end{pmatrix} \quad (10.4.30)$$

であるから，$\varSigma$ を求めるための方程式は

$$0.150\varSigma^2 - \begin{pmatrix} 1.083 & 0.0 \\ 0.0 & 2.800 \end{pmatrix} \varSigma - \begin{pmatrix} 2.833 & 0.0 \\ 0.0 & 122.7 \end{pmatrix} = 0 \quad (10.4.31)$$

となる．この解は

$$\varSigma = \begin{pmatrix} 9.259 & 0.0 \\ 0.0 & 39.41 \end{pmatrix} \quad (10.4.32)$$

であり，第 1 制御ループの立ち上がり時間は短く，第 2 制御ループの立ち上がり時間は長く設計できている．I 動作および P 動作の演算装置のパラメータは，それぞれ

$$K^* = \begin{pmatrix} 0.3537 & 0.0518 \\ -0.3676 & 0.0449 \end{pmatrix}, \quad F_0{}^* = \begin{pmatrix} 1.437 & 0.8300 \\ -1.933 & 0.7389 \end{pmatrix} \quad (10.4.33)$$

と得られ，これらの演算装置をシフト演算子で表現するときのパラメータは

$$G_0 = \begin{pmatrix} 0.7074 & 1.037 \\ -0.7352 & 0.8973 \end{pmatrix}, \quad \Lambda_0 = \Lambda_1 = \begin{pmatrix} 1.437 & 0.8300 \\ -1.933 & 0.7389 \end{pmatrix} \quad (10.4.34)$$

で与えられる． ◀

【演習 10.13】（制御系の性能評価）

演習 10.12 において設計した I-PD 制御系の性能評価をせよ．

解 目標値 r_1 をステップ状に変化させたときの I-PD 制御系の時間応答を図 10.7 に示す．

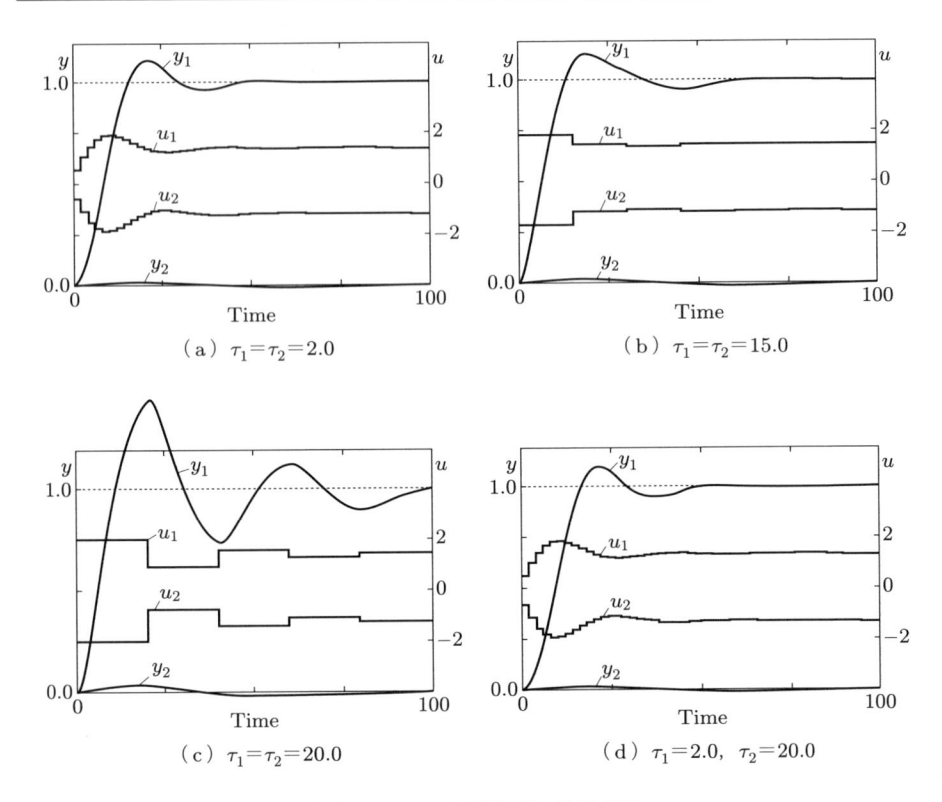

図 10.7　I-PD 制御系の時間応答

　図 10.7 (a) は，サンプリング周期 τ_1，τ_2 を，ともに 2.0 秒に設定した場合である．非干渉化とともに y_1 の応答特性もよく設計できていることがみられる．同様に図 (b) は 15.0 秒，図 (c) は 20.0 秒にサンプリング周期を設定した場合である．非干渉化はほぼ達成できているものの，y_1 の応答が乱れている．

　上述のように，系全体にわたって共通のサンプリング周期をとる場合は，もっとも早い立ち上がり時間の制御量にあわせてすべての制御ループのサンプリング周期を短くしなくては良好な制御性能を得ることができない．

　しかしながら，10.3 節で習得した設計法では，サンプリング周期を制御ループごとに独立に設定することも可能である．$\tau_1 = 2.0$，$\tau_2 = 20.0$ として設計した PID 制御系の時間応答を示したものが図 10.7 (d) である．図 (a) と図 (d) は，ほとんど同じような応答をすることがよくわかる．すなわち，目標値が変化する制御ループのサンプリング周期を，そのループの制御量の立ち上がり時間の 1/4 ほどの値に設定しておけば，ほかの制御ループのサンプリング周期は，対応する制御量の立ち上がり時間の半分程度の値に設定しても良好な制御性能を得ることができる．　◀

章末問題の解答

■第 3 章

[解 3.1]　特性方程式の係数のすべてが正であるので，安定であるための必要条件は成り立っている．ラウス表をつくろう．

$$
\begin{array}{lccc}
s^4 \text{行} & 2 & 5 & 4 \\
s^3 \text{行} & 3 & 6 & 0 \\
s^2 \text{行} & 1 & 4 & \\
s^1 \text{行} & -6 & & \\
s^0 \text{行} & 4 & &
\end{array}
$$

ラウス表の第 1 列の要素の符号は上から順に，正，正，正，負，正であるから，符号の変化は 2 回である．このシステムには 2 個の不安定根があると判定された．

このシステムの特性根を計算すると

$$\lambda_{1,2} = -0.875 \pm j0.552, \quad \lambda_{3,4} = 0.125 \pm j1.36$$

であり，判定は正しいと確認できる．

[解 3.2]　特性方程式の係数のすべてが正であるので，安定であるための必要条件は成り立っている．ラウス表をつくろう．

$$
\begin{array}{lccc}
s^4 \text{行} & 1 & 11 & 18 \\
s^3 \text{行} & 6 & 12 & 0 \\
s^2 \text{行} & 9 & 18 & 0 \\
s^1 \text{行} & 0 & 0 &
\end{array}
$$

s^1 行のすべての要素がゼロになった．一つ上の行から多項式 $P(s)$ をつくる．

$$P(s) = 9s^2 + 18 \tag{A.3.1}$$

これを微分すると

$$\frac{dP(s)}{ds} = 18s \tag{A.3.2}$$

であるから，ラウス表は，つぎのようにできあがる．

s^4 行	1	11	18
s^3 行	6	12	0
s^2 行	9	18	0
s^1 行	18	0	
s^0 行	18		

s^1 行のすべての要素をゼロにする原因となった特性根は，式 (A.3.1) の多項式 $P(s)$ からつくられる補助方程式

$$9s^2 + 18 = 0 \tag{A.3.3}$$

を解いて求めることができる．上式の解は $\pm j\sqrt{2}$ であって，虚軸上に特性根を有する安定限界のシステムであることがわかる．

確認のため特性多項式を因数分解すると

$$s^4 + 6s^3 + 11s^2 + 12s + 18 = (s+3)^2(s^2+2) \tag{A.3.4}$$

となる．特性根は $\lambda_{1,2} = -3$, $\lambda_{2,4} = \pm j\sqrt{2}$ であり，上の判定が正しいと確認できる．

[**解 3.3**] 特性方程式の係数のすべてが正であるので，安定であるための必要条件は成り立っている．ラウス表をつくろう．

s^4 行	2	3	5
s^3 行	8	12	0
s^2 行	0	5	

s^2 行において第 1 列の要素がゼロとなり，第 2 列の要素が 5 になった．ゼロの要素を微小量 $\varepsilon > 0$ に置き換えて計算を進める．

s^4 行	2	3	5
s^3 行	8	12	0
s^2 行	ε	5	
s^1 行	$\dfrac{12\varepsilon - 40}{\varepsilon}$	0	
s^0 行	5		

$12\varepsilon - 40$ は負であるから，ラウス表の第 1 列の符号は上から順に，正，正，正，負，正となって，不安定根は 2 個あると判定された．

この判定は正しいのであろうか．このシステムの特性多項式は

$$\begin{aligned}
2s^4 &+ 8s^3 + 3s^2 + 12s + 5 \\
&= (s+0.417)(s+3.96)(s-0.190-j1.22) \\
&\quad \times (s-0.190+j1.22)
\end{aligned} \tag{A.3.5}$$

と変形できるから，特性根は $\lambda_1 = -0.417$, $\lambda_2 = -3.96$, $\lambda_{3,4} = 0.190 \pm j1.22$ と求められ，確かに 2 個の不安定根を有するシステムである．

[解 3.4] 図 3.11 の制御系の特性方程式は，つぎのようになる．

$$s^4 + 12s^3 + 64s^2 + 128s + K = 0 \tag{A.3.6}$$

ラウス表をつくろう．

s^4 行	1	64	K
s^3 行	12	128	0
s^2 行	$\dfrac{160}{3}$	K	
s^1 行	$\dfrac{5\,120 - 9K}{40}$	0	
s^0 行	K		

ラウス表の第 1 行のすべての要素が正となるには，

$$K > 0 \tag{A.3.7}$$

$$5\,120 - 9K > 0 \tag{A.3.8}$$

が成立すればよい．したがって，制御系を安定にする制御パラメータ K の値の範囲は，

$$0 < K < 569 \tag{A.3.9}$$

である．安定限界は $K = 569$ のときであって，そのときの特性根は補助方程式

$$\frac{160}{3}s^2 + 569 = 0 \tag{A.3.10}$$

を解いて，$\lambda_{1,2} = \pm j3.27$ となる．

■第 4 章

[解 4.1] 一巡周波数応答は

$$G(j\omega)H(j\omega) = \frac{K}{j\omega(-\omega^2 + j2\omega + 4)} = \frac{-K}{2\omega^2 + j(\omega^3 - 4\omega)} \tag{A.4.1}$$

である．まず，このゲインが 1 となる角周波数 ω_{cg} を求めよう．それには

$$(2\omega^2)^2 + (\omega^3 - 4\omega)^2 = K^2 \tag{A.4.2}$$

を解けばよい．上式は，$\Omega = \omega^2$ とおくことで，つぎのようになる．

$$\Omega^3 - 4\Omega^2 + 16\Omega - K^2 = 0 \tag{A.4.3}$$

$K = 6$ について方程式 (A.4.3) を解いて

$$\Omega = 2.835, \quad 0.582 \pm j3.52 \tag{A.4.4}$$

を得る．ω_{cg} は正の実数であることから，$\omega_{cg} = 1.684$ と求まる．つぎに，一巡周波数応答のゲイン交差角周波数 ω_{cg} における位相角 $\theta(\omega_{cg})$ を計算しよう．

$$G(j\omega)H(j\omega) = \frac{-2K\omega^2 + jK(\omega^3 - 4\omega)}{(2\omega^2)^2 + (\omega^3 - 4\omega)^2} \tag{A.4.5}$$

と書くことができるので，位相は次式となる．

$$\theta(\omega) = \tan^{-1}\frac{\omega^2 - 4}{-2\omega} \tag{A.4.6}$$

上式に $\omega = \omega_{cg}$ を代入して，つぎのように計算される．

$$\theta(\omega_{cg}) = \tan^{-1}\frac{\omega_{cg}^2 - 4}{-2\omega_{cg}} = \tan^{-1}\frac{-1.164}{-3.368} = -160.9° \tag{A.4.7}$$

式 (4.2.1) に代入して，$K = 6$ のときの位相余裕は

$$\phi_m = \theta(\omega_{cg}) - (-180°) = -160.9° + 180° = 19.1° \tag{A.4.8}$$

となる．

$K = 8$ のときの方程式 (A.4.3) は

$$\Omega^3 - 4\Omega^2 + 16\Omega - 64 = 0 \tag{A.4.9}$$

であって，つぎのように因数分解することができる．

$$(\Omega - 4)(\Omega^2 + 16) = 0 \tag{A.4.10}$$

したがって，上式の解は

$$\Omega = 4, \quad \pm j4 \tag{A.4.11}$$

である．これより，$\omega_{cg} = 2$ と求まる．つぎに位相角 $\theta(\omega_{cg})$ を計算しよう．式 (A.4.6) に $\omega_{cg} = 2$ を代入して，

$$\theta(\omega_{cg}) = \tan^{-1}\frac{\omega_{cg}^2 - 4}{-2\omega_{cg}} = \tan^{-1}\frac{0}{-4} = -180° \tag{A.4.12}$$

となるから，式 (4.2.1) に代入することで，$K = 8$ のときの位相余裕は，つぎのようになる．

$$\phi_m = \theta(\omega_{cg}) - (-180°) = -180° + 180° = 0° \tag{A.4.13}$$

最後に，$K = 10$ についても計算する．このときの方程式 (A.4.3) は

$$\Omega^3 - 4\Omega^2 + 16\Omega - 100 = 0 \tag{A.4.14}$$

となり，その解は

$$\Omega = 4.90, \quad -0.450 \pm j4.50 \tag{A.4.15}$$

である．これより，$\omega_{cg} = 2.214$ と求まる．つぎに位相角 $\theta(\omega_{cg})$ を計算しよう．式 (A.4.6) に $\omega_{cg} = 2.214$ を代入して，

$$\theta(\omega_{cg}) = \tan^{-1} \frac{\omega_{cg}{}^2 - 4}{-2\omega_{cg}} = \tan^{-1} \frac{0.9018}{-4.428} = -191.5° \tag{A.4.16}$$

となるから,式 (4.2.1) に代入することで,$K = 8$ のときの位相余裕は,つぎのようになる.

$$\phi_m = \theta(\omega_{cg}) - (-180°) = -191.5° + 180° = -11.5° \tag{A.4.17}$$

上において求めた位相余裕 ϕ_m は順に,正,ゼロ,負である.このことは,図 4.1 に示す制御系が,制御定数 K の値に応じて,安定,安定限界,不安定になることを意味しており,演習 4.1 の結果と一致する.

[**解 4.2**] 一巡周波数応答は

$$G(j\omega)H(j\omega) = \frac{-2K\omega^2 + jK(\omega^3 - 4\omega)}{(2\omega^2)^2 + (\omega^3 - 4\omega)^2} \tag{A.4.18}$$

と書くことができるから,位相の算出式は

$$\theta(\omega) = \tan^{-1} \frac{\omega^2 - 4}{-2\omega} \tag{A.4.19}$$

となる.位相を $-\pi$ とするには,式 (A.4.18) において実部を負,虚部をゼロにすればよい.このことから位相交差角周波数 ω_{cp} は

$$\omega_{cp} = 2 \tag{A.4.20}$$

となる.一巡周波数応答のゲインは式 (A.4.1) から

$$|G(j\omega)H(j\omega)| = \frac{K}{\sqrt{(2\omega^2)^2 + (\omega^3 - 4\omega)^2}} \tag{A.4.21}$$

となる.したがって,ゲイン余裕は

$$\begin{aligned} g_m &= -20\log_{10}\left(\frac{K}{\sqrt{(2\omega_{cp}{}^2)^2 + (\omega_{cp}{}^3 - 4\omega_{cp})^2}}\right) \\ &= -20\log_{10}\left(\frac{K}{2 \times 2^2}\right) = -20\log_{10}\frac{K}{8} \end{aligned} \tag{A.4.22}$$

$K = 6, 8, 10$ について,式 (A.4.22) を計算することで K の各値におけるゲイン余裕を得ることができる.順に $g_m = 2.50$,$g_m = 0$,$g_m = -1.94$ と求まり,正,ゼロ,負である.このことは,図 4.1 に示す制御系が,制御定数 K の値に応じて,安定,安定限界,不安定になることを意味しており,演習 4.1 の結果と一致する.

参考文献

[1] 示村悦二郎：自動制御とはなにか，コロナ社（1990）
[2] 森 泰親：演習で学ぶ基礎制御工学，森北出版（2004）
[3] 北森俊行：制御対象の部分的知識に基づく制御系の設計法，計測自動制御学会論文集，Vol. 15, No. 4, pp. 549–555（1979）
[4] 北森俊行：制御対象の部分的知識に基づくサンプル値制御系の設計法，計測自動制御学会論文集，Vol. 15, No. 5, pp. 695–700（1979）
[5] 北森俊行：制御対象の部分的知識に基づく I-PD 方式非干渉制御系の設計法，計測自動制御学会論文集，Vol. 16, No. 1, pp. 112–117（1980）
[6] 北森俊行：制御対象の部分的知識に基づく PID 方式非干渉制御系の設計法，計測自動制御学会論文集，Vol. 16, No. 1, pp. 139–140（1980）
[7] 北森俊行：PID, I-PD 制御からの発展の道，システムと制御，Vol. 27, No. 5, pp. 287–294（1983）
[8] 北森俊行：連続時間制御と離散時間制御理論の融合，計測と制御，Vol. 22, No. 7, pp. 599–605（1983）
[9] 森 泰親，重政 隆，北森俊行：異なるサンプリング周期を有するサンプル値非干渉制御系の設計法，計測自動制御学会論文集，Vol. 20, No. 4, pp. 300–306（1984）
[10] SICE CPD 教材シリーズ（DVD），No. 1「計測と制御の基礎」

索　引

あ行

安定限界　23, 25, 29, 34, 35, 39
安定性　4
安定度　45
安定領域　9
位相交差角周波数　46, 49
位相特性曲線　8, 12
位相余裕　46, 47, 78, 98
1次遅れ要素　6, 13
一巡周波数応答　41, 42, 45, 46
後ろ向き伝達関数　42
演算装置　109, 161
オーバーシュートする要素　7, 9

か行

外乱印加　50
角周波数　4, 5, 42
カットオフ角周波数　79, 99
過渡応答　4, 8
間欠フィードバック　1, 2
間接フィードバック　1, 2
逆応答する要素　7, 10
極　7
極の位置　7, 11, 13
極・零点の位置　6
係数比較法　94, 121
ゲイン交差角周波数　46, 47, 78, 98
ゲイン特性曲線　4, 8, 12
ゲイン余裕　45, 46, 49, 79, 98
減衰係数　11, 12, 69
減衰特性　30, 67
高周波数領域　8

異なるサンプリング周期　142, 145, 161, 166, 171
固有角周波数　69

さ行

最終値の定理　51
差分演算子　110, 113, 124
参照モデル　68–70
サンプラ　109, 120, 161
サンプリング周期　110, 114, 116, 118, 123, 125, 127
サンプル値制御系　109
時間応答　4, 6
システムの安定化　4
持続振動　23
時定数　8
支配的　9, 10
シフト演算子　110, 113, 124, 147, 169, 170
周波数応答　45
制御偏差　51, 60
整定時間　69
積分時間　68
積分要素　5
操作端外乱　52, 56, 58

た行

多変数 I-PD 制御　153
多変数 I-PD 制御系　154
多変数 I-PD 制御系設計公式　155
多変数 PID 制御　130
多変数 PID 制御系　132
多変数 PID 制御系設計公式　135
多変数 PID 制御装置　145

多変数参照モデル　130, 132, 154
多変数ディジタル I-PD 制御　161, 168
多変数ディジタル PID 制御　142, 148
多変数ディジタル PID 制御装置　143
単位円　46
単位ステップ応答　5, 7, 11
単位ランプ応答　5
直列補償　60
直列補償演算装置　119, 161
直列補償器　92
ディジタル演算装置　124
ディジタル制御系　109
ディジタル制御装置　110, 120, 143
ディジタル I-PD 制御　119, 153
ディジタル I-PD 制御アルゴリズム　124
ディジタル I-PD 制御系設計公式　121
ディジタル PID 制御　109
ディジタル PID 制御アルゴリズム　113
ディジタル PID 制御系設計公式　112
低周波数領域　8
定常状態　8
定常特性　50
定常偏差　50, 51, 53–56, 67
デルタオペレータ　110, 124

伝達関数行列　130, 132
伝達関数表現　4, 18
伝達特性　51
特性根　18, 20
特性指定　29
特性多項式　19, 20, 27
特性方程式　8, 18, 19

な行
ナイキスト線図　43, 45
ナイキストの安定判別法　41
内部モデル原理　50, 53, 60
2次遅れ要素　11, 12, 14

は行
パディ近似　80, 117
パラメータ変換　29
微分時間　68
微分要素　4, 5
標準形式　7, 11, 14, 69
比例ゲイン　68
不安定根　20
フィードバック制御　1
フィードバック制御系　1, 4, 33, 50
フィードバック伝達関数　42, 51

フィードバック補償演算装置　119, 161
フィードバック補償器　92
複素平面　4, 13
部分的モデルマッチング　68
部分的モデルマッチング法　67
プロセス制御　60
分岐点　42
分母系列表現　72, 93, 132
分母多項式　18
ベクトル軌跡　41, 42, 45, 46
補助方程式　23, 24, 34, 35, 39
ボード線図　4, 7, 11, 78, 98
ホルダ　109, 120, 161

ま行
前向き伝達関数　42, 51
三つの動作　62
むだ時間要素　6
目標値変化　50
モデルマッチング式　71, 93, 132

ら行
ラウス表　18–20

ラウス・フルビッツの安定判別法　18, 33
離散化　109
離散時間モデル　109
零点　7
連続時間近似　109
連続時間近似表現　110, 120, 143, 162

欧文
D動作　66
I動作　33, 41, 65
I-PD制御　92
I-PD制御アルゴリズム　166
I-PD制御系　92
I-PD制御系設計公式　94, 164
ITAE　69
P動作　62
PI制御装置　61
PI動作　36
PID制御　60
PID制御アルゴリズム　146
PID制御系　36, 41
PID制御系設計公式　74, 145
PID制御装置　33, 60, 61

著者略歴

森　泰親（もり・やすちか）

1976 年	早稲田大学理工学部電気工学科卒業
1981 年	同大学院理工学研究科電気工学専攻博士課程修了（工学博士）
1999 年	防衛大学校機械システム工学科教授
2003 年	東京都立科学技術大学電子システム工学科教授
2005 年	首都大学東京システムデザイン学部教授
	現在に至る
	電気学会上級会員（2005 年）
	計測自動制御学会フェロー（2010 年）
著　書	制御理論の基礎と応用（共著，産業図書, 1995）
	大学講義シリーズ　制御工学（コロナ社, 2001）
	演習で学ぶ現代制御理論（森北出版, 2003）
	演習で学ぶ基礎制御工学（森北出版, 2004）
	演習で学ぶ PID 制御（森北出版, 2009）
	演習で学ぶディジタル制御（森北出版, 2012）
	わかりやすい現代制御理論（森北出版, 2013）

演習で学ぶ PID 制御　　　　　　　　　　　　　Ⓒ　森　泰親　2009

2009 年 11 月 6 日　第 1 版第 1 刷発行　【本書の無断転載を禁ず】
2011 年 8 月 10 日　第 1 版第 2 刷発行
2016 年 2 月 10 日　第 1 版第 3 刷発行

著　　者　森　泰親
発 行 者　森北博巳
発 行 所　森北出版株式会社
　　　　　東京都千代田区富士見 1-4-11（〒102-0071）
　　　　　電話 03-3265-8341 ／ FAX 03-3264-8709
　　　　　http://www.morikita.co.jp/
　　　　　日本書籍出版協会・自然科学書協会　会員
　　　　　JCOPY ＜（社）出版者著作権管理機構　委託出版物＞

落丁・乱丁本はお取り替えします　　印刷／ワコープラネット・製本／協栄製本
　　　　　TEX 組版処理／(株)プレイン　http://www.plain.jp/

Printed in Japan ／ ISBN978-4-627-92051-4

図書案内　森北出版

チューブハイドロフォーミング
—軽量化のための成形加工技術

日本塑性加工学会／編

菊判　・　288頁　　定価（本体 5200円 +税）　　ISBN978-4-627-61421-5

チューブハイドロフォーミングの基礎知識とポイントを整理し，現在までの材料開発状況も含め，技術開発の経緯ならびに最新の研究開発成果・資料データから，全貌を総括的に理解できるように解説した専門書．チューブハイドロフォーミングに携わる全ての人にとって，必携の一冊．

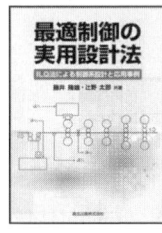

最適制御の実用設計法
—ILQ法による制御系設計と応用事例

藤井隆雄・辻野太郎／著

菊判　・　224頁　　定価（本体 3600円 +税）　　ISBN978-4-627-61441-3

現代制御理論の基礎からILQ設計理論の構築までを丁寧に説明するとともに，エンジン試験装置，エレベータの制御など，8件の実システムへの応用例を通して，その応用方法や有効性を紹介している．従来の最適制御で問題を抱えているエンジニアにぜひ読んでいただきたい一冊．

スロッシング
—液面揺動とタンクの振動

小松敬治／著

菊判　・　320頁　　定価（本体 6500円 +税）　　ISBN978-4-627-61451-2

加振による液体の揺動現象（スロッシング現象）について解説した，世界初の専門的教科書．自由表面をもつ液体の振動理論から，数値計算法やタンクとの連成解析まで，各種基礎理論の導出とその実応用を，例題を交えながら体系的に説明している．

流体-構造連成問題の数値解析

津川祐美子・滝沢研二／訳

菊判　・　400頁　　定価（本体 9000円 +税）　　ISBN978-4-627-67481-3

有限要素法による流体 - 構造連成（FSI）問題の解析について，その基礎から応用までを体系的に解説．「定式化」「離散化」「流体と構造の連成」という三つの課題を中心に，豊富な実例を交えて説明する．

定価は2016年1月現在のものです．現在の定価等は弊社Webサイトをご覧下さい．
http://www.morikita.co.jp

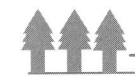

図書案内　森北出版

電気回路を理解する 第2版

小澤孝夫／著

菊判 ・ 208頁　　定価（本体 2600円 +税）　　ISBN978-4-627-71212-6

電圧・電流源の性質から過渡現象の基礎まで，電気回路で学ぶことがらを一通り解説したコンパクトなテキスト．単に初歩的な問題が解けるようになるだけなく，電気回路の統一的な考え方が身につくよう構成されている．今回の改訂ではJIS改正に伴う表記の変更に加えレイアウトを一新した．

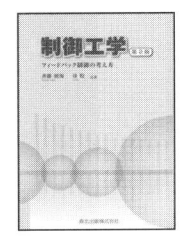

制御工学 第2版
―フィードバック制御の考え方

斉藤制海・徐　粒／著

菊判 ・ 240頁　　定価（本体 2600円 +税）　　ISBN978-4-627-72822-6

古典制御の基本を詳述した定番教科書．補償器の設計を手厚く説明した定評のある内容に加えて，今回の改訂では全ページを2色化したことにより，更にポイントがわかりやすくなった．また，詳細解答を増やし，より自学自習に適した本となっている．

例題で学ぶやさしい電気回路直流編 新装版

堀浩雄／著

菊判 ・ 144頁　　定価（本体 2000円 +税）　　ISBN978-4-627-73532-3

厳選された例題をとおして，自分で解く力を養うことができるテキスト．新装版では，重要な定理や用語が一目でわかる2色刷と，最新JISに対応した図に一新することで，より一層わかりやすくなった．

例題で学ぶやさしい電気回路交流編 新装版

堀浩雄／著

菊判 ・ 208頁　　定価（本体 2400円 +税）　　ISBN978-4-627-73542-2

交流回路をはじめて学ぶひと向けの演習形式のテキスト．豊富な例題とていねいな解説で，基礎から応用まで扱う．新装版では，重要な定理や用語が一目でわかる2色刷と，最新JISに対応した図に一新することで，より一層わかりやすくなった．

定価は2016年1月現在のものです．現在の定価等は弊社Webサイトをご覧下さい．

http://www.morikita.co.jp